# 家居装修预算

## 从入门 到 精通

理想·宅 编

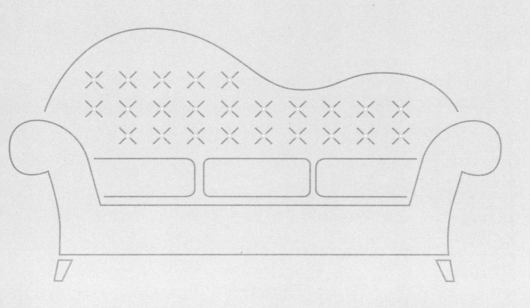

中国电力出版社
CHINA ELECTRIC POWER PRESS

U0204540

# 内 容 提 要

　　装修预算是综合性较强的项目，与设计、选材、施工等多个环节都有着直接的关系，是非常让人头疼的一件事。对于工薪阶层来说，如何花费最少的资金让家里装修得满意显然十分重要，而预算又非常复杂，如何做到既能节约资金又不影响质量是关键。本书每一章的内容都从简化、实用的角度来编排，使读者可以快速掌握相关内容，力求全面掌握家装预算知识。具体包含了前期规划与预算的关系、不同家居风格的预算区别、不同家居空间的预算差别、不同材料对预算的影响、不同项目施工的价位以及不同软装的价位等内容。

**图书在版编目（CIP）数据**

家居装修预算：从入门到精通 / 理想·宅编 . —
北京：中国电力出版社，2018.6
ISBN 978-7-5198-1924-8

Ⅰ.①家…　Ⅱ.①理…　Ⅲ.①住宅 – 室内装修 – 建
筑预算定额　Ⅳ.① TU723.3

中国版本图书馆 CIP 数据核字（2018）第 068517 号

出版发行：中国电力出版社
地　　址：北京市东城区北京站西街 19 号（邮政编码 100005）
网　　址：http://www.cepp.sgcc.com.cn
责任编辑：曹　巍（010 – 63412609）
责任校对：王开云
责任印制：杨晓东

印　　刷：北京博图彩色印刷有限公司
版　　次：2018 年 6 月第一版
印　　次：2018 年 6 月第一次印刷
开　　本：710 毫米 × 1000 毫米　1/16
印　　张：13
字　　数：315 千字
定　　价：58.00 元

# 目 录
## CONTENTS

# 第一章
▼
## 前期规划装修预算

　　想要掌控好家居装修预算，前期的规划是非常重要的，房子的新旧程度、业主喜好风格的不同、户型的不同等多方面的因素都会对预算总额造成影响，根据自家的实际情况出发，才能让钱花在刀刃上。本章我们将了解在装修动工前都需要了解哪些方面的信息，才能对装修预算进行完美的掌控，避免发生预算严重超支的情况。

学习要点

1. 根据房屋新旧程度以及户型情况，制定预算方案。

2. 了解家庭装修常见的消费点陷阱，避免受骗。

3. 了解家庭装修过程中的预算分配，做到心中有数。

4. 结合自身实际情况，结合设计形式，确定预算支出比例。

5. 根据家庭情况，选择适合的包工方式。

# 结合自身情况，制定预算方案

　　在为居所制定装修预算时，新建设的楼房在户型、门窗等基础建设方面是比较完善的，需要改动的比例非常少，所以重点应放在格局的改动和后期装饰上；而二手房通常房龄较老，想要住得安全又舒适，基础建设就应该多花心思。

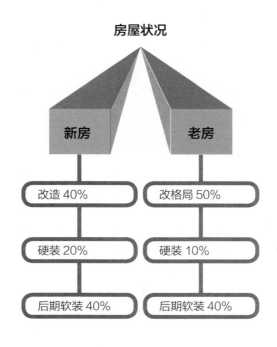

# 一、新房装修预算重点在于格局规划和软装搭配

## 1. 格局舒畅才能住得舒服

有了好的格局就能保证室内动线、通风和采光的顺畅，即使只有大白墙也会住得很舒服，所以对于新房建议将装修重点放在格局的规划上。格局的规划就是对室内整体动线及采光和通风的一次总体性整改，家居格局规划可分为主动规划和被动规划两类。

| 主动规划 | 被动规划 |
| --- | --- |
| ○指靠窗和门就可以实现空气的流通，其改造费用的产生主要源于更换窗户、砸除或重建隔墙以及水电改造。 | ○指依靠门窗无法完全完成通风，还需要增加安装空调或新风系统的费用。 |

## 2. 预留一半预算给软装

对家居进行装饰，舒适性是首要的，而后才是美观性。格局通畅以后，一个居住环境的基本舒适性就有了保障，如果预算不多，建议减少墙面部分的不必要造型，简单地刷刷漆或粘贴壁纸，而在后期的软装布置上多花心思，这样做不仅可以同时满足舒适性和美观性，还能为以后的变化预留出充足的空间。

## 3. 软装重点放在家具上

当预算资金有限时，可以将后期软装的花费分成两大部分，较多的预算留给家具，尤其是大件的、使用频率较高的家具，例如沙发、衣柜等，最好选择质量比较好的产品，无论是美观度、舒适性还是质量都能够兼顾到，这样即使墙面不做什么复杂的装饰，也能让人感觉很有档次；其他装饰如窗帘、靠枕、小摆件等就可以选择符合风格特征的价格略低一些的款式，在日后的生活中，还可以随时更换，既能减少装修时期的资金压力，又能让居家生活随时增添新鲜感。

## 二、老房装修预算重点在于基础建设

### 1. 不要小看拆除的费用

老房通常房龄都在 15 年以上，电线、水管都会有比较严重的老化现象，门窗、地板、厨卫的砖也都会出现不同程度的问题，如果对格局不满意，还需要对墙的布局进行整改，这些项目都需要先进行拆除而后再重建。而拆除环节主要产生的是人工费和垃圾清运费，因为房屋的结构不同，收费也会有所区别，但通常都不会少。

**TIPS**

这些项目通常包括入户门和窗的更换、水电线路的更换、地面的更换、厨卫瓷砖的更换、隔墙的重新建立、空调的更换等。

### 2. 拆除项目重建需重点对待

拆除工程多了以后，对房屋的结构也会产生或多或少的影响，所以后期的补建项目建议预算分配得多一些，留给房屋一个强健的体质，经过一次拆除后以后很难再次折腾，所以比起新房来说，重建时后期材料的质量尤为重要。

### 3. 装饰性布置可放宽标准

基础建设完成后，如果预算已经支出了大部分，那么对后期的软装布置就可以放宽标准，先满足生活的基本需求，一些装饰性物品可以以后再慢慢添置。

# 结合户型特点和自身经济情况分配预算

在房屋同为新房的前提下，房屋的户型以及居住者的经济条件上还会存在一定的差异，可结合这些方面不同的条件来具体进行家装预算的分配。

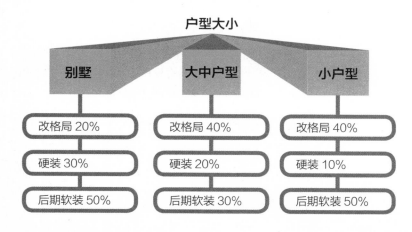

# 一、小户型重在格局和软装

### 1. 预算重点可放在格局和软装上

小户型的居室面积有限，通常为 30 ～ 90m²，大部分居住者都是年轻人，其中新婚夫妇占据了很大的比例，这部分人群资产有限，需要为以后的生活预留一些保障金，所以装修方面的资金压力比较大。在进行预算分配时，可以着重于格局的改造，为以后家庭成员的变动预留充足空间，而后简化硬装，不做或少做造型设计，将较多的资金留给价格比较灵活的软装。

### 2. 少购买纯装饰性的软装饰品

在软装分配上，建议少选购一些纯装饰性的物品，包括摆件、客厅沙发靠枕、干花花艺等，因为空间面积有限，东西过多会显得很混乱，同时也会增加很多支出，少而精是比较合适的做法。

# 二、大中户型可适当增加硬装比例

中户型和大户型的面积有所增加，一般在 90 ～ 200m²，居住者通常为中年人或二代同堂等，经济方面有一定的积累。房屋面积的增加使房间数量、墙面面积都有所增加，所以改造费用也应适当扩大分配比例，而在面积增大的同时，如果顶面和墙面不做任何造型，难免会显得有些空旷，相较于小户型来说，可适当增大硬装部分的资金分配比例。

# 三、别墅的资金分配可均衡一些

### 1. 软装比例稍大，各方面可均衡一些

居住别墅的人群通常来说经济实力是比较强的，且从户型特点来说，面积较大、举架通常比较高，为了避免空荡的感觉，顶面可以做一些层级比较多带有暗藏灯带的吊顶，墙面也需要搭配一些造型，看起来会更统一一些，所以硬装资金的比例需要适当增加，而整体预算的重点，还是建议放在软装上。

### 2. 改造重在水电

别墅的格局要比楼房更舒适、开阔一些，除非特殊需要，通常无须做太大的改动，但房间较多，为了居住得更方便、舒适，水电方面宜根据不同使用者的需求来进行设计，所以这方面的预算宜作为改造部分的重点来规划。

# 了解家装流程中的关键预算

## 一、设计阶段，设计费要给的有价值

现在设计师有两种收费方式，一种是设计费用单独计算，一种是"免费设计"，可以根据业主的需求来选择。

**A** 收费设计

**明码标价**

根据设计师级别的不同，设计费用的金额也不同，这种方式属于明码标价，且设计得比较专业，通常是物有所值的。工程可以让装修公司做也可以自行找施工方，所以设计费用通常不容易存在陷阱。

**B** 免费设计

**"羊毛出在羊身上"**

通常设计费是包含在施工费用内的，从设计角度来说，专业性不会很强。实际上"羊毛出在羊身上"，不存在完全免费这回事，核对预算表时需要特别精心地进行对比，避免对方以增加预算表上的尺寸、用料数量等方式来提高总费用。

## 二、报价阶段，明细要列清，避免丢项落项

拿到报价单时，不要一扫而过，要认真核对所包括的项目是否与沟通时一致。举个简单的例子，水电改造都是要在装修项目前进行的，这方面水分比较大，如果该工程由对方公司承担，那么在报价单上就应该详细地列出具体费用，如果没有详细单据只是口头报价，过程中对方可能会以数量估算不足等方式来加价，后期就会导致预算超支。

## 三、施工过程中，谨防对方在材料上以次充好

若选择由对方购买材料，建议在报价单上详细地注明所用材料的品牌，稳妥的方式是具体到所用材料的系列名称，例如乳胶漆，一个品牌有很多系列，且价格差比较大，使用了 XX 牌并不

代表使用的漆是质量好的。并在材料到达现场后和使用过程中，需严格监督，否则遇到不正规的施工单位时，很容易被对方以次充好。

# 了解家装预算的必备知识

## 一、包工的三种形式

包工形式可以分为全包、清包和半包三种形式，分别由施工方完全负责材料的采购和施工，施工方只负责施工以及施工方负责施工和辅料，每一种方式各有其优劣，可以根据自身的情况来选择合适的方式。

| 全包 包工包料 | **优点**：由施工方承担主材费用和施工人工费用，业主只需要监工，一旦出现问题对方无法推脱责任，对方负全责，省心省力，适合工作忙碌的业主。<br>**缺点**：费用较高，除了正常费用还包含了一些隐藏费用，例如设计费、广告费等，还容易出现偷工减料的情况，对于业主来说，无法保证每一分钱都花到实处。<br>**建议**：严格监理或雇佣监理公司，无法控制隐藏费用，但至少可以控制材料和工程质量。 |
|---|---|
| 清包 只负责施工 | **优点**：业主自己购买主材，质量好坏自行掌控，可以避免货不对版，适合精力和时间都比较充足的业主。<br>**缺点**：需要花费的精力比较多，在购买材料前需要自行了解行情和价格，运输、垃圾处理等也要自行负责，事情琐碎，如果对行情不了解，容易在购买材料时吃亏。<br>**建议**：多听取有经验的朋友或专业人士的意见，并对每一种材料要货比三家。 |
| 半包 负责施工和辅料 | **优点**：自己购买主材，因此主材的质量可以完全由业主掌控，小的辅料由对方负责，可以节省一些时间，避免因为施工过程中缺少辅料而频繁地跑建材市场。<br>**缺点**：这是一种很劳累的方式，不比清包省心多少，也需要严格的监工，遇到不负责任的施工方不仅会偷工，很可能还会偷偷将主材"偷梁换柱"，材料的提供来源比较杂，责任不好界定。<br>**建议**：制定合同时需将材料的采购方备注清楚，并在进行每次材料验收时都严格检查，需花费多一些的精力来监工。 |

# 二、了解装修预算项目

装修预算总体可以分成两大部分，即硬装部分和软装部分。

○设计费用：设计费
○装修费用：改造费用、主材费用、人工费、施工方管理费等
○电器费用：购买家电的费用

**硬装预算**

**软装预算**

○家具、布艺织物、工艺品、花卉绿植等

## 1. 硬装费用

这部分费用有一些是由施工方负责的，有一些是需要业主自行负责的，自行负责部分的比例取决于包工形式。

| 费用责任方 | 项目 | 备注 |
|---|---|---|
| 施工方 | 材料费 | 全包：主材、电料、辅料，包含所有用到的材料 |
| | | 清包：不负责任何材料费用 |
| | | 半包：辅料，如水泥、各种钉子、腻子粉等 |
| | 人工费 | 施工方支付给施工工人的工资和基本生活费用 |
| | 机械费 | 包括各类施工过程中需要用到的机械的使用费，例如电刨、圆锯等，又叫工料机直接费用，也可以叫直接费 |

| 费用责任方 | 项目 | 备注 |
|---|---|---|
| 施工方 | 综合管理费 | 施工方管理施工现场所收取的费用，又叫间接费，包括公司员工的工资、保险费、项目经理活动费、办公用品费、设备折旧费、通信费、车费、财务费用等 |
| | 利润 | 施工方通过该工程获得的纯利润，其中还包括应向国家缴纳的税收部分 |
| 业主 | 材料费 | 全包：不负责任何材料费用 |
| | | 清包：主材、电料、辅料，包含所有用到的材料 |
| | | 半包：主材，如地砖、木工板、石膏板、洁具、灯具等 |

## 2. 软装费用

在装修施工完成后，需要布置一些软装，才能够满足生活需求并进一步美化空间，强化居室的风格特征，这部分费用则完全由业主承担。这种采购有两种方式，一种是完全由业主自主采购，另一种是由装饰公司的软装设计师指导进行软装布置。

| 费用责任方 | 采购方式 | 包括项目 | 优缺点 |
|---|---|---|---|
| 业主 | 完全自主采购 | 各类家具<br>布艺织物<br>摆件<br>花艺、绿植<br>餐具 | 优点：不用担心有隐含费用发生，完全可以自主随心 |
| | | | 缺点：不适合没有经验的人，搭配得不好反而会影响整体装饰效果 |
| | 软装设计师指导采购 | 各类家具<br>布艺织物<br>摆件<br>花艺、绿植<br>餐具 | 优点：系统化的指导设计，软装和硬装的搭配更协调、舒适 |
| | | | 缺点：需要支付给软装设计师额外的费用，可能还会含有隐藏费用，例如商家付给软装设计师的提成 |

# 三、根据自身经济情况和户型分配预算

根据自身的经济实力和户型特点的不同再结合房子的新旧程度，可以有区别的对待预算的分配比例，如果预算不是很充足，建议选择经济型装修以及着重装修重点空间的做法，装修是为了让生活更舒适的同时美化环境，如果造成负担就得不偿失了。如果预算非常充足，也可以进行华丽装修，有计划地分配装修费用，不仅环保还能够更好地提高生活品质。

## 1. 经济实力决定预算分配比例

| 经济型装修 | 适合情况：单身人士或新婚夫妇 |
| --- | --- |
| | 建议分配重点：此类人群经济实力方面会相对薄弱一些，在进行装修时，需要做好计划，"轻装修重装饰"是非常合适的做法，具体来说就是顶面、墙面不做造型，"四白落地"或粘贴壁纸、壁贴等施工简单的材料。将预算的重点放在后期的软装配置上，用软装来明确风格走向，其中由于家具的使用频率较高，资金占据的比例可以大一些，其他如洁具、布艺织物、小装饰和装饰画可以选购低价范围内的高质量款式 |

| 中等装修 | 适合情况：资金较充足但不希望装修得太华丽的人群 |
| --- | --- |
| | 建议分配重点：顶面和墙面仅在重点区域或部位做造型，在材料质量的选择上放宽一些预算；而后建议家具、织物和主要洁具放宽预算，其他小件饰品、装饰画等可以以减少数量的方式来收紧预算，求精而不求多 |

| 华丽型装修 | 适合情况：资金较充足、喜欢华丽效果的人群 |
| --- | --- |
| | 建议分配重点：资金充足的人，可以在硬装方面增加一些预算，例如做一些吊顶、背景墙，使用高质量的地面材料等，但仍然不建议在造型上花费太多，使用的装修材料越多越容易有污染出现，不符合环保的理念。除此之外，可以放宽洁具、家具和电器等方面的预算，来提高生活品质并彰显自己的品位 |

## 2. 户型特点决定预算分配比例

| | |
|---|---|
| **面积小家具多** | 户型特点：面积不大却需要摆放很多家具 |
| | 建议分配重点：在一些面积小的户型或者房间内，需要摆放的家具数量比较多，这种情况下建议墙面不做造型，用色块或者壁纸做装饰，放宽主体家具的预算并减少纯装饰性物品的数量，例如摆件、花卉绿植等，来节约资金 |
| **房高低** | 户型特点：房间的整体高度都比较低 |
| | 建议分配重点：虽然做局部的吊顶能够通过视觉上的高差来增加房高，但即使做吊顶的面积不大，仍然需要支付主材费用和工费。如果预算不充足，可以省掉这部分的花费，将购买灯具的款项增多一点，用漂亮的灯具来装饰顶部 |
| **公共区大卧室小** | 户型特点：客厅最大，餐厅次之，卧室比较小 |
| | 公共区放宽：公共区是家庭中的主要活动区域，是"脸面"，能够反应业主的品位和修养，所以可以重点装饰，预算分配得多一些。不喜欢做造型的情况下，可以在灯具、家具和地面材料的选择上放宽预算 |
| | 卧室收紧：卧室的主要功能是休息，是比较私密的区域，做太多的造型装饰反而容易感到压抑，所以可以将预算的重点放在主体家具和布艺的选择上，其他部分可以收紧预算 |
| **卧室多** | 户型特点：卧室比较多，除主卧外，还有书房、客房、儿童房或老人房等 |
| | 主卧室放宽：在卧室较多的户型中，建议将主卧室作为预算分配的重点，床头墙可以适量的带一些造型，而后将家具及软装部分作为占大头的部分来规划，让睡眠更舒适 |
| | 儿童或老人房适量：老人房和儿童房从环保角度来考虑，不适合做太多的造型，将预算的大头花在家具上，选购环保而又安全性高的家具和布艺织物，对老人和孩子的健康更有利，装饰品也可以少一些 |

# 不同种类施工方的差别

## 施工方的不同种类

施工方通常是装饰公司或施工队，其中装饰公司又包含几种类型，相比较来说装饰公司要比施工队更正规，售后有保障，但价格也要高一些，装饰公司也有几种类型，它们之间也是存在差别的，想要找一个负责任的施工方，还是需要业主在深入了解后再做决定。

### 1. 装饰公司与施工队的差别

**装饰公司**

○装饰公司具有专业执业资格，包括"建筑装饰企业资质证书"、营业执照等。整个流程是非常系统化的，前期会出具装修效果图，让业主在心里对最后的装修效果有一个大概的了解，并可以在开工前期对不满意的地方做调整。方案满意后，大部分专业的装饰公司还会做一个较为详细的报价单，让业主清楚地知道哪些项目需要花费多少钱，使用的材料数量等；付款分阶段，通常还会抵押部分资金作为尾款。在后期的软装布置上，高级的装饰公司也会有专业设计人员来指导完成，完工后还会有一定时间的质保期，售后服务较完善。

**施工队**

○施工队通常是由工头组织的几个不同工种的师傅，没有营业执照。工人师傅一般是靠指挥来操作的，没有专业的设计人员，需要业主自行设计而后指哪打哪，随机性太强，没有系统的指导，通常效果都不会太满意。一般也没有明确的报价单，缺什么材料业主就买什么材料，由于没有规划性，很可能造成材料的浪费，并不会节省多少资金。组织性较差，通常是每种工种完工即走，没有任何工费抵押，所以也完全没有售后服务。

**TIPS**

**施工队适合有监工经验或设计经验的业主**

由于施工队没有广告费、管理费等附加费用，所以整体来说费用是比装饰公司花费少的，但却需要业主付出更多的精力来操控整体的装饰效果，如果本身很有设计和监理经验，喜欢DIY，并且装修工程并不复杂，不需要现场做太多的柜子而是定制家具，那么是可以考虑由比较有经验的施工队来施工的。

## 2. 不同类型装饰公司的差别

### 连锁型

○此类装饰公司管理通常都有固定的流程，主材有自己的联盟品牌，部门划分较细致，功能齐全，售后服务也能够保证。但实际上大部分是采取的加盟形式而非直营，所以某地区的该品牌做得好并不意味着其他地区的该品牌也做得好，本地装饰公司的设计师和施工队的素质好坏决定着综合素质的优劣。除非是总部或高端设计部，否则品牌并不一定代表着品质。

### 中小型

○一般就是设计师或施工经理从其他装饰公司内积攒一定经验和客户后，联系几个自己熟悉的施工队伍组建的公司，施工队并不一定只属于公司，只是有工程的时候进行施工，两者属于合作性质。根据创建者身份的不同，大多只是某一方面的能力比较强，例如设计能力强或施工能力强，由于装修是需要多部分配合的工作，所以此类公司通常综合能力一般。

### 高端设计室、品牌高端设计分部等

○综合素质最优质的一类公司，设计非常专业，不仅硬装方面很强，软装通常还配有软装设计师进行方案的策划和装饰的指导。但通常收费也较高，一般是设计费和施工费分开收费的，设计费明码标价。这些机构都能提供很好的设计方案并保证施工质量，集结的通常是行业精英，所以品质卓越，设计和施工投入的精力都很到位，装修装饰效果自然到位，全部采用主流品牌的材料更容易出效果。

### 网络型

○随着网购不断地深入人心，网络型装饰公司也不断地出现，但是通常能力比较单一，只负责设计方案，目前来说缺点还是比较多的，无法面对面沟通就无法详细地了解设计师的综合素质，而且仍然需要自己解决施工事项。

# 详细解读装修报价单

## 一、报价单所包含的费用种类

装饰公司提供的报价单所包含的费用,前面已经大致介绍过了,总的来说包括主材、辅料、人工、管理和税金等费用。

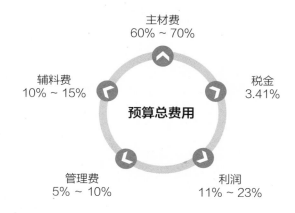

预算费用详解:

| 费用名称 | 包括项目 | 备注 |
| --- | --- | --- |
| 主材费 | 1. 各种构造板材,例如细木工板、指接板、奥松板、饰面板等<br>2. 瓷砖、地板<br>3. 橱柜、门及门套、灯具等<br>4. 洁具、开关插座、热水器、龙头花洒和净水机等 | 1. 板材、瓷砖和地板不会在预算中单独体现,而是与辅材和工费一起按照一定单位合计体现<br>2. 如果是全包,成件的主材应在预算中按照单位体现,例如是一个还是一组 |
| 辅料费 | 1. 各种钉子,例如射钉、膨胀螺栓、螺钉等<br>2. 水泥、黄砂<br>3. 油漆刷子、砂纸、腻子、胶、老粉<br>4. 电线、小五金、门铃等 | 由于数量多且种类杂,在预算表中不会单独体现,而是合计到其他费用之中,无法单独计算 |

| 费用名称 | 包括项目 | 备注 |
|---|---|---|
| 管理费 | 是指为了本工程发生的测量费、施工图纸费用、工程监理费、企业办公费用、企业房租、水电通信费、交通费、管理人员的社会保障费用及企业固定资产折旧费和日常费用等 | 如果是"免费设计"，设计费也会隐藏包含在内 |
| 税金 | 企业在承接工程业务的经营中获得了利润，所以应向国家缴纳法定所得税 | 国家规定是 3.41%，但每个公司的税金可能会略有差别，但浮动不大 |
| 利润 | 企业因为操控这个项目而所得的合理纯利润 | 合理范围内的利润，不会单独体现 |

## 二、阅读报价单之前应做的调查

方案通过后，在装饰公司出具报价单之前，业主可做一些相应的调查，以便跟自己的估算做一个对比，对大概的额度有一个概念，避免多花冤枉钱。

| | |
|---|---|
| 调查材料价格及工费 | 调查对象：可以自行对材料市场中自己中意的主材品牌的价格进行一下基本的调查，而后再对本地的各工种的施工工费的基本价格有一个了解，而后自行估算一下总价 |
| | 估算方式：假设计划装修的房屋为 90m² 建筑面积的住宅，按经济型装修价位估算，所需材料费为 5 万元左右，人工费约为 1.2 万元，综合损耗为 5% ~ 7%，估算为 0.4 万元，装修公司的利润为 10% 左右，估算为 0.6 万元左右，总价为 7.2 万元左右 |
| 调查同档次装修价位 | 调查对象：对近期已完成装修的邻居、朋友等进行询问，包括装修类型、主材的品牌以及户型面积等，用总价除以面积得出数据，就是不同档次装修的每 m² 平均值 |
| | 估算方式：若经济型装修为 500 元 /m²，中档为 600 元 /m²，高档为 1000 元 /m²，豪华型为 1200 元 /m² 起等，如果全新住宅高档装修的综合造价为 1000 元 /m²，那么可推知约 90m² 建筑面积的住宅房屋的装修总费用约在 9 万元。此数值只能是均衡的市场价参考，主材、洁具以及房屋新旧等条件发生变化时，数值也会有所变化 |

# 三、阅读报价单时的重点核对项目

在方案通过后，装饰公司会出具一份报价单给业主，在阅读报价单之前，业主需要做一些核查，才有利于避免各种陷阱，并为自己争取到合理的折扣。

# 四、详细解析报价单

看报价单最重要的是什么呢？就是要学会比较，这个比较不能只是比较总价，而是要"一项项"地比较。在进行比较之前，首先应注意报价单是否写得细致、明了，如果只是简单地罗列价格和数量，而后得出一个总价，关于材料的品牌、施工方式等全无注名，很容易被对方做文章，所以一定要求对方出具的报价单要详细，而后再进行比较。

装饰公司提供的报价单通常是分空间或者按照项目来计价的，例如按照客厅、卧室、餐厅、书房等，或是按照拆除工程、水电工程、瓦工工程等方式来分类，还有可能是两者混合，最后会归纳一个总价，大多数的主材、工费、辅料等不会单独列出，而是会按照工程来计价。

## 1. 常见的简洁版报价单

以两个简洁版报价单为例来解析报价单要点，这两种都是不够详细的，报价单 1 缺少材料费的详细材料列表，而报价单 2 缺少详细的施工步骤和产品品牌。遇到这样的报价单就需要请对方重新来做，否则很容易出现纠纷。

简洁版报价单举例 1：

| 项目工种 | 人工费用 / 元 | 材料费用 / 元 | 管理费 / 元 | 项目计价 / 元 |
|:---:|:---:|:---:|:---:|:---:|
| 水工 | 1140 | 1580 | 817 | 3537 |
| 电工 | 2040 | 2872 | 1460 | 6372 |
| 瓦工 | 4800 | 2128 | 2015 | 8943 |

| 项目工种 | 人工费用 / 元 | 材料费用 / 元 | 管理费 / 元 | 项目计价 / 元 |
|---|---|---|---|---|
| 木工 | 1168 | 2110 | 960 | 4238 |

简洁版报价单举例 2：

| 工程名称 | 单位 | 单价 / 元 | 数量 | 金额 / 元 | 备注 |
|---|---|---|---|---|---|
| 一、主卧室 | | | | | |
| 墙、顶面基层处理 | m² | 16 | 60 | 960 | 铲墙皮，腻子找平 |
| 墙、顶面乳胶漆涂刷 | m² | 10 | 60 | 360 | 涂刷 ×× 牌乳胶漆 |
| 石膏线安装及油漆 | m | 5 | 9 | 45 | 石膏线粘贴后刷立邦漆 |
| 门及门套 | 樘 | 1500 | 1 | 1500 | |

## 2. 正规版报价单

有的装饰公司会把详细的施工方式和备注分两栏罗列，而有的都会体现在备注栏中，两种均可。下面来详细分析一下正规版的报价单应该包含哪些内容，以下方的正规版报价单为例，对报价单进行解析。

正规版报价单举例：

| 工程名称 | 单位 | 单价 / 元 | 数量 | 金额 / 元 | 工艺做法 | 备注 |
|---|---|---|---|---|---|---|
| 一、主卧室 | | | | | | |
| 墙、顶面基层处理 | m² | 16 | 60 | 960 | ①原墙皮铲除，石膏找平，刮两边腻子，砂纸打磨 | ② ×× 牌 821 腻子，产地：山东 / 青岛 ③ 环保型 801 胶，产地：山东 / 青岛 |

| 工程名称 | 单位 | 单价／元 | 数量 | 金额／元 | 工艺做法 | 备注 |
|---|---|---|---|---|---|---|
| 墙、顶面乳胶漆涂刷 | m² | 10 | 60 | 360 | ④乳胶漆底漆两遍；面漆三遍，达到厂家要求标准 | ⑤××牌家丽安乳胶漆，产地：中国／广州 |
| 石膏线安装及油漆 | m | 5 | 9 | 45 | ⑥刷胶一遍，快粘粉黏接<br>⑦面层处理，乳胶漆另计 | ⑧成品石膏线 |
| 门及门套 | 樘 | 1500 | 1 | 1500 | ⑨安装门、门套及门锁 | ⑩成品××牌门及门套<br>⑪××牌门锁 |

**报价单详解：**

①基层处理需写清楚具体的做法，包括是否铲除墙皮、刮腻子的次数等。

②腻子的用量较多，并直接关系到环保指数，虽然属于辅材，但材料的品牌和产地也建议标注清楚，更有助于进场后材料的验收。

③胶是家居装修的重点污染源，虽然也属于辅料，也建议标明品牌和产地，有利于业主查验是否足够环保。

④乳胶漆都是分底漆和面漆的，两者有着本质区别，涂刷底漆可以使漆面平整，对面漆起到支撑作用，令表面看起来更为丰满，是不可缺少的一个步骤，有很多装饰公司为了节省资金和施工费用都不会涂刷底漆，这点应尤其注意。不同的品牌的涂刷次数会略有区别，可以以说明书上的具体要求为准。

⑤使用某一品牌的乳胶漆时，应详细注明属于该品牌的哪个系列以及其产地，同品牌之间的不同系列差价也非常大。

⑥石膏线施工应写清楚施工步骤，快粘粉用量少且基本没有区别，可无须注明品牌。

⑦石膏线的面层为了刷漆方便应进行打磨处理，乳胶漆的价格是否包含在内也应注明，避免工程量重叠。

⑧石膏线的品质和价格差别不是很大，可以不注明品牌和产地，如有特殊要求，则需注明。

⑨门和门套通常是采取定制形式制作的，由厂家安装，如果是大包形式，这部分费用应体现在报价中；若为清包和半包，则无须体现。

⑩所使用门的品牌应详细注明，有助于业主核对是否与自己的需求一致。

⑪门锁虽然不大，但价格却不低，也是关系到门是否耐用的一个因素，所以应注明品牌。

---

**！特别注意事项：**

○单位：需要明确，例如涂刷墙漆、铺设地砖等多按照 $m^2$ 来计价。而如果有木工柜，则有的按照 $m^2$，有的按照项来收费，$m^2$ 多为展开面积而不是平面面积。这些需要注意，如果不清晰应询问清楚。

○数量：根据自己测量的面积最好再计算一下，如果遇到了无良的装饰公司，很可能会在上面多加数量，但如铺砖和地板类的工程，是有 5% 左右的报废率计算在内的。

○工艺做法：重点检查是否与自己的要求、行业标准或材料说明一致，例如如果原墙有墙皮，需要铲除时是否包含在内。

○材料：现代人装修都很注重环保，如果材料是环保达标的，那么有害物处理起来就会容易许多，所以材料方面要严格核查品牌是否与自己要求的一致。需要特别注意的是电料，例如电线，如指明使用 ×× 牌、2.5$mm^2$ 的实心线、生产日期需在半年之内等；若为全包，除了电料外，瓷砖也应特别注明其规格、产地、系列、名称，如果可以请附上样本或照片，这样不容易被掉包。

# 五、学会科学比价

拿到报价单后可以带回家仔细研究一下，不要因为价格低而盲目的签订合同，也不要想当然地认为便宜的不好贵的就一定是好的，其实不是的，如果同等档次的装修，一家比另一家超出很多，那么就要弄清楚贵的点在哪里，看是否值得，所以科学的比较是非常重要的。

## 便宜太多的一定有问题

○合理的利润是一定要存在的，如果没有利润给对方，那么就容易出现问题。选择预算便宜很多的公司很可能会出现偷工减料或者不断追加预算的情况，一旦开始动工，如果不追加资金给对方，就会被动停工，别的公司也不愿意接做了一半的工程，只能硬着头皮追加资金下去，遇到无良的装饰公司，很可能一开始只要 5 万，但追加到 15 万也装修不完。例如拿 3 ～ 4 家公司的报价来对比，其他几家同等档次的材料报价相差无几，但有一家低了 20% ～ 30%，就需要慎重了，如果相差 10% 左右，需要详细地了解差距在哪里，如果都差不多，就可以选择价格低的。

## 贵的也不一定完全是好的

○对于报价高的公司，需要弄清楚高的原因，如果是使用的材料档次高，或者做了很多设计如电视墙、沙发墙、吊顶等之后贵出了很多，那么贵的就是有道理的，或者说，设计师的等级高出很多，那么贵也是合理的。但如果类似的原因都没有，那么贵的也不一定就是好的。报价是否高的值得，应该看自己注重的方面是否有达到，比如自己要求的设计都包含在内，而别家没有，那么贵的就是有道理的。如果无缘无故的贵很多，就是有问题的。

## 不要总价打折

○如果在对比过后，觉得某一家的价格很合理后，还要求对方按照工程总价来给9折或8折，就是不合理的杀价方式。现在的装饰行业利润是非常透明的，如果价格较合理还按照总价折扣，就是在挤压装修公司生存的成本，那么装修公司即使接了单也会从别的地方将这笔钱扣出来，业主多数一般察觉不到，最后损失的还是自身利益。还是建议仔细地对照报价单，通过一项项比价来获得合理的折扣。

# 六、合理降低报价的方法

不在总价上砍价，而要对比高价的项目找出价格高的原因，而后结合自己的情况，进行砍价，这是让双方都愉快的做法。

## 采用实用性的设计来降低预算

○如果发现预算报价超出预期太多，建议可以先从审核设计图纸开始来降低预算。仔细查看在符合自己所提需求的基础上，设计师是否有做一些没有实际作用而完全是装饰性的设计，例如过多的墙面造型、大面积的复杂吊顶等，这些装饰的造价都很高，特别是带有装饰线和暗藏灯带的跌级吊顶。如果不是别墅或层高过高的跃层，可以不做吊顶而改用石膏线做装饰，或做简单的局部吊顶或平面式吊顶，来降低预算。

## 不一味追求贵的材料

○在合理范围内选择材料，例如照明电线，国家规定是使用 2.5mm$^2$ 的，但实际上如果没有太多灯具的话 1.5mm$^2$ 的就足够用，可询问电工，在照明不超标时，报价单上若使用的是 2.5mm$^2$ 的就可以改成 1.5mm$^2$ 的，诸如此类，在合理范围内更改。

## 同品牌比价

○两家公司出具的报价单，在使用同品牌材料的情况下，如果其中一家比另一家贵很多，可以询问清楚贵的原因，如果没有确切原因，这时候就可以对这一项进行砍价。

## 地砖不要追求大尺寸

很多业主都喜欢大尺寸的地砖，实际上这是不必要的，地砖的大小应结合房间的开间和进深来选择，通常来说，不是特别长或宽的房间，用中等尺寸的地砖比例上更美观。大尺寸的地砖不仅造价高，而且工费和损耗也高。

## 准确计算材料用量

○要合理地计算材料的损耗，如果觉得一项价格过高，可以询问损耗的计算数量，而后跟品牌方核对，他们都比较有经验，超出太多可要求装饰公司降低。

## 找寻可靠团购

当搬到新的小区后，很多业主会一起进行装修，这时候可以组团去对家具、洁具等进行砍价，以节省部分资金。需要注意的是，并不是所有的团购都是可靠的，最好是身边的或者有可靠来源的，团购的产品最好是品牌的，并且能保证售后服务的。

# 掌握六大要点，谨慎签订合同

## 一、选售后服务好的公司

　　装饰公司也是由施工队来对工程进行施工的，不同的施工队，采用的工法可能略有差别，但实际上只要不是特别差的，都能较好地完成工程，需要注意的是，现在的施工队采用的是师徒制度，就是一个大工带几个小工来施工，不可能存在都是大工的队伍，所以实际上差别不是很大，那么在挑选装饰公司的时候，需要特别注重它的售后服务，与买大品牌的手机或家电是同一个道理，售后好的公司可以免去后顾之忧，即使总价上贵一点，也是值得的。

## 二、掌握六大要点来签订合同

　　方案合适、报价单经过协商后也很合理，就到签订合同这个步骤了，这是非常重要的一步，签约的过程是一个沟通的过程，需要的是互相尊重，对业主来说，应把自己需要说明的事项注明在内，一旦出现问题，能够维护自己的权益。

**1**

**应附图纸和报价单**

图纸尤其是 CAD 是非常重要的，主要包括平面图尺寸图、平面家具布置图、地面主材铺设图、立面施工图、水电线路图、电源开关图、灯具配置图、吊顶设计图、橱柜图，复杂的部分还应有大样图，再加上前面提过的建材照片或样本，图纸上面应有详细的尺寸、使用材料和做法，而后报价单上的相应部位应与其做法一致，例如电视墙。

**2**

**追加预算或发生变动需签字后再动工**

有些时候在开始施工后可能会因为主观或客观因素使设计发生一些变动，例如二手房铲除墙皮后发现基层潮湿严重，需要做额外的处理，就需要追加预算，这属于很合理的行为。而有时，如果遇到了无良公司，很可能会不经过业主的同意而擅自增加柜子来提高价格，为了避免这种情况，建议在合同中特别注明，追加项目需要书面签字确认同意后再开工，来保障自己的利益。

**3**

### 多预留一些尾款

通常来说装饰公司在签订合同时是有一些尾款做抵押款项的，正常是5%～10%，这些要靠与设计师协商，如果可能的情况下，建议尽量争取多一些尾款，超过10%会更有保障，直接涉及对方的利润，对方会更尽心一些。这部分款项，在合同中应注明"验收合格才支付"，检验标准就是图纸或报价单上的工法，或者之前有明确书面确认的施工要求。

**4**

### 防公司倒闭条款

如果是大公司发生这种事情的概率应该不高，应该谨慎提防的是一些小的公司，建议在合同中注明，可以将负责的设计师作为中间证人，一旦发生施工途中公司倒闭的情况，还可以请设计师负起责任予以解决。

**5**

### 严格签订工期、保修期

合同上应注明开工日期和竣工日期，以及什么情况下可以顺延工期、什么情况下延续工期需要处罚等。还应注明保修期，如果洁具或炉具均为对方购买，还请不要忘记写清楚保修的位置和时间。

**6**

### 写明处罚条款

对于并非合同中注明而出现的一些延期或其他情况，应列出处罚条款，通常来说是金钱上的处罚，例如延期一天扣除多少金额等，以防施工队同时赶工好几个工地而耽误自家的工程。

**TIPS**

### 签合同时确认营业执照等信息

除了以上内容外，在签订合同前，建议查验一下对方的资质，例如有无工商营业执照、有无行业资质证书及其他相关证件，有有效期的重点看一下有效期，必要时可以拍照存底。特别需要注意的是，熟人介绍的一类，不要因为不好意思而略过这些问题，"杀熟"是很常见的问题，先礼后兵对双方都是有好处的。

## 三、付款分阶段，工程质量更有保障

预算总额度确定后，在签订合同时还有一个重要事项就是约定付款的方式，通常来说都是分阶段来付款的，只是不同的装饰公司支付比例略有不同，具体额度可以与设计师进行协商。总体来说，付款分为四阶段，开工预付款、中期进度款、后期进度款和尾款。

| 款项名称 | 支付时间 | 作用 | 占据比例 |
|---|---|---|---|
| 开工预付款 | 签订合同后开工之前 | 工程启动资金，用于购买前期工程所需要的材料包括电线、水管、砂子、水泥等，还包括改造部分的人工费用 | 30% 左右 |
| 中期进度款 | 改造等基础工程完成并验收后，木工开始前 | 购买木工板、饰面板等主材和辅料以及木工的人工费用。此部分款项若前期工程没有质量问题建议及时支付，避免耽误工期。如果数额比较大，也可与对方协商分 3 次左右支付 | 30% ~ 50% |
| 后期进度款 | 木工完成并验收合格，油漆工进场前 | 购买油漆使用的主料和辅料以及油漆工的人工费用 | 10% ~ 30% |
| 尾款 | 竣工并经检验没有任何质量问题后 | 属于质量保证金，如果有任何质量问题可根据合同条款扣除相应款项，剩余的再支付给对方 | 10% 左右 |

**验收合格后再支付下一步款项是关键**

分阶段的付款有利于在每一个工种完工后分别进行检验，对于出现问题的部分能够及时让对方进行修改，所以验收是非常关键的，特别是隐蔽工程，包括水电改造、吊顶等，如果自己不了解验收标准，可以请专业公司陪同，避免在日后生活中出现问题后，再刨墙刨地进行维修，尤其是水电工程，严重的会危害人身安全。

# 第二章
## ▼
## 不同家居风格的预算

　　不同的家装风格，典型的材料、造型等代表元素是不同的，有些需要硬装造型的配合，有些则完全依靠后期软装饰，即使是顶面、墙面完全不做造型的同一户型，在完全依靠软装装饰的情况下，选择的风格不同，花费也是有区别的。本章我们来学习常见的12种家居风格的代表元素，以及每种代表元素的市场价范围。

# 简约风格

## 一、简约风格的典型要素

现代简约风格的家居装修简便、花费较少，讲求"重装饰轻装修"，简洁、实用、省钱，是现代简约风格的基本特点。简约风格的家居预算的重点在于后期的软装部分，同时注重质量而不注重数量，在计划预算时可以放宽重点空间中重点部位的费用，而精简其他部分的费用。

### 1. 风格特点及整体预算

简约主义的核心思想是"少即是多"，舍弃一切不必要的装饰元素，不采用一切复杂的设计元素，追求造型的简洁和色彩的愉悦。墙面很少采用造型，因此装修整体造价通常为 10 万 ~ 18 万元。

### 2. 硬装材料预算适选范围

简约风格硬装所使用的材料范围有所扩大，虽然仍然会使用传统的石材、木材以及砖等天然或半天然材料，但比例有所减少，现代感的金属、涂料、玻璃、塑料及合成材料会单独或与传统材料组合使用，所以在做设计及预算时，也可列入选择范围内。

### 3. 软装预算适选范围

简约的体现是整体化的，软装的款式应与硬装呼应，可以多选择一些多功能且实用的家具，例如折叠家具、直线条的可以兼做床的沙发等就可列入预算的重点选择范围内；装饰品的数量也在精而不在多，外形简练的陶瓷摆件、玻璃摆件和金属摆件等都可以考虑进来。

## 二、简约风格典型硬装材料预算

**纯色光滑面涂料或乳胶漆**

**1**

各种色彩的光滑面涂料或乳胶漆是简约风格家居中最常用的顶面和墙面材料，没有任何纹理的质感能够塑造出宽敞的基调，色彩可根据喜好和居室面积来选择。

预算估价：市场价 25 ~ 55 元 /m²。

**2**

### 无色系大理石

无色系大理石包括黑色、灰色、白色系的大理石，属于简约风格的代表色。纹理不宜选择太复杂的款式，通常被用在客厅中装饰主题墙，可以搭配不锈钢边条或黑镜。

预算估价：市场价 150 ~ 320 元 /m²。

**3**

### 玻化砖

玻化砖有"地砖之王"的美誉，表面光亮，性能稳定，较好打理，装饰效果可媲美石材，符合简约风格追求实用性和宽敞感的理念，建议使用部位为公共区的地面。

预算估价：市场价 100 ~ 450 元 /m²。

**4**

### 纯色镜面

常用的纯色镜面包括银镜、灰镜、黑镜等，完全没有花纹装饰，它们具有高反射性，可以扩大空间感并增强时尚感，可以表现出简约风格的特点。可大面积用在主题墙上，也可以搭配石膏板或木纹饰面板等做直线条的造型。

预算估价：市场价 150 ~ 320 元 /m²。

**5**

### 纯色或简练花纹壁纸

纯色或简练花纹的壁纸给人的感觉比较简练，符合简约风格的主旨，很适合用在简约家居的客厅电视墙、沙发墙、卧室或书房的墙面上，平面粘贴或与涂料、乳胶漆、石膏板等材料搭配组合做一些大气而简约的造型，为简约居室增添层次感。

预算估价：市场价 50 ~ 350 元 /m²。

# 三、简约风格典型家具预算

**1**

### 直线条沙发

沙发造型以直线条、少曲线、造型简洁的款式最具代表性，材料上主体部分多为布艺或皮料，腿部多为金属、塑料或木质材料。色彩可为黑、白、灰，也可为亮丽的彩色，但同一张沙发色彩不会超过三种。

预算估价：市场价 600 ～ 3000 元 / 张。

**2**

### 几何形简洁几类

几类家具并不仅限于方正的直线造型，圆形、椭圆形、圆弧转角的三角形等形状的也可以选择，但整体造型要求简洁、大气。材质上的选择范围比较广泛，除了石材、木材等，玻璃、金属、塑料及合成材料均可。

预算估价：市场价 350 ～ 2000 元 / 个。

**3**

### 多功能直线条床

低矮、直线条、色彩明快的床是比较具有简约风格代表性的，如果是小卧室，同时兼具储物功能或可折叠功能更能体现简约特点，整体上以板式家具为主。

预算估价：市场价 500 ～ 3500 元 / 张。

**4**

### 实用式桌、柜

桌、柜类家具延续简约风格具有代表性的直线条造型，整体十分简练、大气，把手普遍采用隐藏式设计或长条造型。横平竖直的造型不会占用过多的空间面积，同时还十分实用。

预算估价：市场价 200 ～ 3500 元 / 件。

**5**

### 设计利落的座椅

简约风格的家居中，座椅是不可缺少的活跃空间氛围的家具，它的材质和色彩选择范围较多。造型上不再限制于直线条的款式，但即使是弧度的设计也非常利落。

预算估价：市场价 100 ~ 500 元 / 张。

**TIPS**

**公共区家具成系列选择更容易获得协调感**

现在多数的户型中，客厅和餐厅是位于一个开敞式的空间中的，在简约风格的家居中，整体效果追求的是一种简洁、利落的感觉，当公共区中所使用的家具材料或色彩的数量过多时，也会给人一种啰嗦的感觉，所以更建议选购设计师设计好的成套的产品，不仅美观，在一家店选购还有利于售后和砍价，比单独购买更可以节约部分资金。

## 四、简约风格典型饰品预算

**1**

### 造型简洁的主灯

简约风格的卧室、书房中多使用吸顶灯，安装时会完全贴在天花板上，显得很简练。即使是在客厅或餐厅内使用的吊灯，也多为棱角分明的款式，很少使用复杂的造型。很少使用壁灯、射灯等小灯具。灯具整体虽然造型简练，但材料的可选范围却很多，既有装饰性，又不会显得过于烦琐。

预算估价：市场价 600 ~ 3000 元 / 盏。

**2**

### 单色金属局部灯

由于整体造型比较简练，所以灯光是简约家居中增加层次感的完美辅助，除了顶面较为简洁的主灯外，还可以在一些部位摆放台灯、落地灯这类比较大型的辅助灯具，整体造型比较简练、大气的，以金属材料为主的单色台灯或落地灯，更能够体现简约的内涵，与其他设计搭配起来更协调。

预算估价：市场价 200 ~ 800 元 / 盏。

**3**

### 简练线条装饰画

简约不仅体现在造型上也体现在配色上，简约风格的装饰画也遵循这一特点而设计，或以纯粹的黑白灰两色或三色组合，或加入其他色彩，但色彩数量均不可太多。画框的造型也非常简洁，基本没有雕花和弧线，虽然整体简单却十分经典。搭配时建议尽量选择单幅作品，如果是成组使用，最多不宜超过三幅。

预算估价：市场价 400 ~ 1200 元 / 幅。

**4**

### 素色或少量几何纹理的布艺

简约风格中的布艺多为素色的款式，例如灰色、白色、米色等，面积越大的布艺越素净、低调，例如窗帘、地毯；小面积的布艺则可适量选择亮丽一些的彩色或带有一些几何形状的纹理。

预算估价：市场价 100 ~ 800 元 / 组。

**5**

### 大气线条、少材质组合的小饰品

小饰品的主要种类是各种工艺品，秉持简约的理念，工艺品的造型同样应以简洁的款式为主，材质上多为陶瓷、木、玻璃或金属，可组合但数量通常不超过两种。色彩以黑、白、灰等无色系最具代表性，若想活跃氛围，也可选择红、黄等亮丽色彩，同一房间内，使用数量不宜过多，且建议成组使用。

预算估价：市场价 50 ~ 500 元 / 个。

### 组合数量少、精炼的花艺绿植

因为装饰品的数量被精简，所以适当地使用一些花艺或绿植能够为简约居室增添一些生活气息。花艺的最佳选择是单只或少只造型优美的种类，绿植无论大小，叶片大一些、数量少一些更符合简约的特点。

预算估价：市场价 50 ~ 200 元 / 组。

# 现代风格

## 一、现代风格的典型要素

现代风格即现代主义风格，又称功能主义，是工业社会的产物。它提倡突破传统，追求时尚、潮流和创造革新，注重结构构成本身的形式美。讲究突出材料自身的质地和色彩的配置效果，所以在现代风格的住宅中，并不需要做太多的墙面装饰和使用太多的软装，而且讲求每一件装饰都恰到好处，所以在预算方面能够省去很多不必要的开支。

### 1. 风格特点及整体预算

现代风格最主要的特点是造型精炼，讲求以功能为核心，反对多余装饰。在硬装方面顶面和墙面会适当使用一些线条感强烈但并不复杂的造型，软装讲求恰到好处，不以数量取胜，装修整体造价通常为 15 万 ~ 32 万元。

## 2. 硬装材料预算适选范围

现代风格是时尚和创新的融合，在硬装方面会较多地使用仿石材砖、壁纸、大理石、镜面玻璃、棕色系和黑灰色的饰面板等材料来营造时尚感，不锈钢是非常常见的材料，常用做包边处理或切割成条形镶嵌。

## 3. 软装预算适选范围

现代风格的家居中软装以灯具和家具为主体，并较多使用结构式的较为个性的款式，如果想要节省资金，可以将主要软装的预算放宽一些，如沙发或主灯选择极具代表性的，其他部分可以收紧一些。小的软装数量宜少一些，选择一些金属、玻璃等材质的款式。

# 二、现代风格典型硬装材料预算

**1**

**时尚图案壁纸**

现代风格家居中的重点墙面部分常会使用一些具有时尚感的壁纸或壁纸画，使用面积不会很大且通常会搭配其他材料做造型，常用的有抽象图案、具有艺术感的具象图案、几何或线条图案。

预算估价：市场价 90 ~ 350 元 /m²。

**2**

**大理石**

现代风格家居中无色系和棕色系的大理石使用频率很高，用在背景墙或整体墙面上时多做抛光处理，再搭配不锈钢包边或嵌条，营造时尚感。除此之外地面、各处台面也经常使用。

预算估价：市场价 120 ~ 380 元 /m²。

**3**

**镜面玻璃**

超白镜、黑镜、灰镜、茶镜以及烤漆玻璃等玻璃类材料具有强烈的时尚感和现代感，与现代风格搭配非常协调，经常会出现在背景墙或衣柜柜门上，玻璃造型以条形或块面造型最为常见，个性一些可直接选择整幅图案式的烤漆玻璃作为背景墙，但图案需符合风格特征。

预算估价：市场价 85 ~ 380 元 /m²。

**4**

### 不锈钢

不锈钢的表面具有镜面反射作用，可与周围环境中的各种色彩、景物交相辉映，时尚而不夸张，很符合现代风格追求创造革新的需求。不锈钢有金色和银色两种色彩，前者比较现代，后者带有一些华丽感，均适合现代风格居室，可根据所塑造的氛围选择使用。

预算估价：市场价 15 ~ 35 元 /m。

**5**

### 棕色或黑、灰色的饰面板

棕色或黑、灰色的木纹饰面板更符合现代风格的特征，它们会结合现代的制作工艺，用在背景墙部分，造型不会过于复杂，大气而简洁，常会搭配不锈钢组合造型。

预算估价：市场价 85 ~ 248 元 / 张。

**6**

### 马赛克

将马赛克用在公共区的背景墙上是非常具有个性的一种装饰手法，并不是规则的铺贴，而是经过设计铺贴成图案，可以是玻璃材料、金属材料、陶瓷材料、贝壳材料，也可以将两种或多种材料混合。

预算估价：市场价 110 ~ 260 元 /m²。

**7**

### 仿石材纹理地砖

仿石材纹理的地砖具有类似石材般的效果，但纹理和色彩更丰富，价格更优也比较好打理，所以经常铺设在地面上来丰富现代风格居室中的层次感。

预算估价：市场价 120 ~ 320 元 /m²。

# 三、现代风格典型家具预算

**1**

### 结构式沙发

沙发造型不再仅限于常规的款式，常用的直线条简洁款式更多的出现在主沙发上，而双人沙发或单人沙发则在讲求功能性的基础上，更多的体现出结构的设计，例如无扶手的曲线造型等，常用材料有皮革、丝绒和布艺，搭配金属、塑料或木腿等。

预算估价：市场价 800 ~ 6000 元 / 张。

**2**

### 不规则造型几类

几类是现代风格家居中不可缺少的活跃氛围的元素，除了规矩的形状外，不规则的形状也非常具有代表性，材料方面非常丰富，例如实体金属、玻璃、板式、大理石等。

预算估价：市场价 600 ~ 2300 元 / 个。

**3**

### 具有设计感的床

床头多使用软包造型，但并不如欧式床那么复杂，包边材料较多样，例如布艺、不锈钢、板式木等。除了常见的直腿床外，还有很多讲求结构设计的款式，例如将前后腿部连接起来的大跨度弧线腿床。

预算估价：市场价 500 ~ 3500 元 / 张。

**4**

### 板式桌、柜

追求简洁、精练的特性使板式桌、柜成为此风格的最佳搭配伙伴，其中以电视柜、大衣柜、收纳柜、装饰柜以及写字桌等为主。

预算估价：市场价 2150 ~ 3650 元 / 件。

**5**

### 变化多端的座椅

座椅不似沙发那样限制性比较大，而是更随意，虽然可能只有寥寥几个线条，但是结构的变化却是充满惊喜的，是现代风格居室中的点睛之笔，材料使用上没有什么限制，金属、曲木、皮革、布艺甚至是玻璃纤维等新型材料都可组合。

预算估价：市场价 800 ～ 2500 元 / 张。

**TIPS**

### 家具选择充分发挥个性而不再成系列

现代风格家居体现的是一种时尚和简练的融合，所以如何在控制数量的前提下体现出个性是最重要的，那么在有限数量的大件家具中，不成系列而是自由的组合就成了关键。但同时不能脱离其实用性和功能性，也无须全部选择代表性的款式，1 ～ 2 款重点装饰花费多一点的资金，其他部分可放松处理，选择与主体家具色彩或材质呼应的高性价比款式，既能表现风格的特征，又能够节省资金。

## 四、现代风格典型饰品预算

**1**

### 直线条为主的灯具

直线条组合为主的、少用碗装而多几何形灯泡结构性强的吊灯非常符合现代风格的特征，材料多以金属、玻璃为主。除此之外，金属罩面的落地灯、壁灯、台灯等局部性灯具也很常用。

预算估价：市场价 300 ～ 2200 元 / 盏。

**2**

### 无框抽象装饰画

抽象派装饰画画面上没有规律性，非具象画面，而是充满了各种颜色的意念派，搭配上无框的装饰手法，悬挂在现代风格的家居中，能够增添时尚感和艺术性，彰显居住者的涵养和品位。

预算估价：市场价 150 ～ 600 元 / 组。

**3**

### 少花纹、纯色或条纹布艺

为了衬托出居室内具有现代风格特点的大件家具并避免混乱感，少花纹、纯色或条纹图案的布艺比较常用，面积越大色彩越素净，纹理越低调，例如窗帘、地毯；而小面积的布艺的色彩范围会略大一些，偶尔会加一点亮片或长毛材质，例如靠枕。

预算估价：市场价 200 ~ 1100 元 / 组。

**4**

### 金属材料的小饰品

金属工艺品的造型种类多样，无论是抽象人物、动物还是微观建筑等均可找到，它们具有十分亮眼的金属光泽，虽然小却极具现代特点，与现代居室的特点相符，摆放在空间中能够提升空间的趣味性。

预算估价：市场价 300 ~ 1200 元 / 个。

**5**

### 造型感强的花艺绿植

将造型具有特点、花材数量较少或大叶片的花艺和绿植摆放在现代风格的家居中，不仅能够美化环境、柔化空间的英朗感，还能够强化风格特征，鲜花或人造花艺均可，花艺的色彩没有特殊限制，但花器的色彩和纹理需用心搭配，金属或陶瓷均可。

预算估价：市场价 50 ~ 200 元 / 组。

**6**

### 珠线帘

在现代风格的居室中，可以选择金属、水晶、贝壳等材料的或珍珠帘、线帘、布帘等个性化珠线帘装饰空间，可以增加时尚感和个性，除了能够作为装饰品外，它还可以作为轻盈、透气的软隔断来使用，既能够划分区域，不影响采光，又能体现居室的美观。

预算估价：市场价 90 ~ 220 元 / 个。

# 北欧风格

## 一、北欧风格的典型要素

北欧风格源于北欧地区，它包含了三个流派，分别是瑞典设计、丹麦设计、芬兰现代设计，统称为北欧风格。均具有简洁、自然、人性化的特点，总的来说最突出的特点就是极简。这种极简不仅体现在居室的硬装设计上，同样也体现在软装的搭配上，但同时又充分具备了人性化的关怀，以舒适性为设计出发点。

### 1. 风格特点及整体预算

北欧风格家居中的顶、墙、地三个面，完全不用纹样和图案装饰，只用线条、色块来区分点缀，也就是说完全不做任何造型，只涂色，而后完全靠后期的软装来进行装饰，且软装数量不主张过多，是非常节省预算的一种风格，装修整体造价通常为 13 万~ 20 万元。

### 2. 硬装材料预算适选范围

北欧风格发源地的地域特征决定了它非常注重自然材料的运用，所以木材可以说是它的灵魂材料，地面使用的通常是各种类型的木地板，但色彩不会太深。由于墙面基本不使用造型，涂料、乳胶漆、粗糙的砖、文化石等就非常常用。

### 3. 软装预算适选范围

如果预算不是很充足，墙面可以直接"四白落地"，把重点放在家具和灯具的搭配上。北欧风格的设计闻名于世，代表款式非常多，家具完全不带雕花和纹饰，总的来说以布艺和木料为主，而灯具则以金属为主，价格很灵活，性价比高的也有很具有代表性的款式，建议可以选择贵一些的主沙发和主灯，其他小件家具、灯具和饰品的预算可适当收紧。

# 二、北欧风格典型硬装材料预算

**1**

### 乳胶漆或涂料

北欧家居中的视觉中心就是色彩，在硬装部分的所有界面上，由于墙面位于人的视线水平线上，是人们最先注意到的部位。北欧风格的最大特点是基本不使用任何纹样和图案来做墙面装饰，所以想要让墙面来点颜色，就要依靠色彩非常丰富的乳胶漆或涂料来表现，其中，亚光质感的或带有一些颗粒感的款式，更符合北欧风格的意境。

预算估价：市场价 25 ~ 55 元 /m²。

**2**

### 白色砖墙

墙面使用清水砖而后涂刷白色涂料制作成的白色砖墙经常被用作电视墙或沙发墙，它具有自然的凹凸质感和颗粒状的漆面，可以表现出北欧风格原始、自然且纯净的内涵，同时还能够为材料限制较大、质感比较单一的墙面增加一些层次感，尤其是黑白灰为主的墙面，可以极大限度地避免单调感的产生。

预算估价：市场价 150 ~ 180 元 /m²。

**3**

### 3D 立体白砖纹壁纸

3D 立体白砖纹壁纸自带背胶，可以粘贴在水泥、涂料基层上，当无法实现白砖墙的施工时，就可以用这种使用很方便的壁纸来替代，用在背景墙上。它的质感和立体感略逊于白砖墙，但很便于擦洗和打理。

预算估价：市场价 13 ~ 55 元 /m²。

**4**

### 浅色木地板

木材料是北欧风格的灵魂，地面面积较大，所以常使用各种木地板做装饰，如强化木地板、复合木地板甚至是实木地板等，但很少使用深色或红色系，白色、浅灰色、浅原木色、浅棕色等使用较多。

预算估价：市场价 150 ~ 420 元 /m²。

**5**

### 木饰面板

木饰面板易于造型，可与多种材料搭配组合，具有丰富的木质纹理，但它很少用在纯北欧家居中，在一些改良式的或与其他风格混搭的北欧家居中是非常常用的，色彩多为浅色系列或浅棕色板材。

预算估价：市场价 110 ~ 280 元 / 张。

### 北欧风格墙贴

北欧风格的墙面完全不使用纹样和图案装饰，但装饰画却是很常见的装饰手段，而类似装饰画的墙贴与装饰画相比极具趣味性，可以用在玄关墙、电视墙、沙发墙等位置，需注意的是色彩不宜过于花哨，黑、灰色或低调的彩色款式更具北欧韵味。

预算估价：市场价 15 ~ 100 元 / 组。

### 磨砂玻璃

磨砂玻璃的颜色多数呈淡青色，运用在室内空间的推拉门、套装门或墙面造型中，搭配墙面的乳白色墙漆，形成典型的北欧风格色彩搭配，使空间具有轻快、自然的色调。

预算估价：市场价 90 ~ 110 元 /m²

# 三、北欧风格典型家具预算

**1**

### 低矮的布艺沙发

典型北欧风格的沙发高度都比较低矮，扶手及框架部分完全不设计任何雕花装饰，整体造型极其简洁，特征显著，小户型和大户型均适用。材料组合以布艺搭配木腿的款式为主，面层偶尔也会使用一些低调的皮质材料，例如麂皮。

预算估价：市场价 900 ~ 5800 元 / 张。

**2**

### 几何形极简几类

圆形、圆弧三角形带有低矮竖立边的茶几、角几等是最具北欧特点的几类款式，除此之外，长条形的几类也比较常用。材料以全实木、全铁艺、板式木或大理石面搭配铁艺比较常用。

预算估价：市场价 100 ~ 1200 元 / 个。

**3**

### 简洁而又舒适的床

北欧风格的床以简练的线条、优美的流动弧线为主，不做多余的装饰造型，其设计极符合人体工程学，有舒适的坐卧感。材料上主要以各种实木为主，单人床有时会使用黑色铁艺制作。

预算估价：市场价 1600 ~ 4200 元 / 张。

**4**

### 无雕花桌、柜

桌、柜的整体感都非常轻盈，同样没有雕花装饰，多采用直来直去的线条。桌类主要以各种原木色的实木为主，而柜类除了原木色的实木外，还有一些带有拼色柜门的板式款式，拼色设计活泼但不刺激。

预算估价：市场价 1300 ~ 2500 元 / 件。

**5**

### 北欧著名座椅

伊姆斯椅、天鹅椅、鹈鹕椅、蛋椅、红蓝椅、幽灵椅和贝克椅等，北欧家具中著名款式最多的就是各种座椅，不仅追求造型的美感同时曲线设计上还讲求与人体的结合，这些座椅就代表着北欧风格。材质除了传统的布料和木腿外，底座部分还会加入如玻璃纤维等新型材料。

预算估价：市场价 220 ~ 3100 元 / 张。

**TIPS**

### 善用代表家具可节约资金

北欧家居讲求极简，所以家具选择上以实用为主，装饰性的家具就可以去除，在数量精简的情况下，主体家具选择具有代表性的款式更容易突出风格特征。具有代表性的主体家具可以多花一些资金来购置，例如一看就知道是北欧风格的座椅，其他家具就可以选择便宜一些的，例如茶几，这样既美观又可以节约资金。

## 四、北欧风格典型饰品预算

**1**

### 无图案的灯具

北欧风格的灯具极具设计感，以实木和金属材料为主，吊灯、台灯或落地灯的罩面不使用图案，而是以颜色取胜。色彩比较多样化，但都给人非常舒适的感觉，黑、白、原木、红、蓝、粉、绿等都比较多见。

预算估价：市场价 120 ~ 1500 元 / 盏。

**2**

### 白底装饰画

北欧装饰画画框造型简洁，宽度较窄，色彩多为黑色、白色或浅色原木。画面底色以白底最为常见；图案多为大叶片的植物、麋鹿等北欧动物或几何形状的色块、英文字母等，色彩以黑色、白色、灰色及各种低彩度的彩色较为常用。

预算估价：市场价 220 ~ 500 元 / 组。

# 3 自然材质的简洁织物

织物材料上以自然的棉麻为主，不使用点缀和装饰；除了窗帘、靠枕、地毯等，还常使用壁挂来装饰墙面。色彩多简单素雅，例如灰色、白色、果绿、灰蓝、茱萸粉等；图案以纯色、动物图案和带有几何图形的纹理最常见，例如拼色三角形、火烈鸟图案等。

预算估价：市场价 120 ~ 320 元 / 组。

# 4 实木或陶瓷材料的小饰品

装饰品数量无须过多，能调节空间层次即可。造型常见的有简洁的几何造型或各种北欧地区的动物，材料以木和陶瓷最具代表性，偶尔也会使用金属和玻璃等材料。色彩多为无色系的黑、白和灰色。

预算估价：市场价 60 ~ 380 元 / 组。

# 5 大叶片绿植

北欧风格家居中的自然韵味主要是靠各种绿植来营造的，而很少使用颜色比较丰富的花艺。具有代表性的绿植是琴叶榕、龟背竹等大叶片的绿植或仙人柱。花器的选择非常具有特点，如米白色的麻布袋、纯白色无花纹的陶瓷盆或浅木色的编织筐等。

预算估价：市场价 30 ~ 350 元 / 组。

# 6 少色彩组合的花艺

北欧风格家居中多使用绿植，很少会使用花艺来做装饰，但在墙面和家具以无色系为主的情况下，仅使用绿色植物可能会显得有些单调，就可以选择配色比较少的、体积比较小的花艺来丰富空间层次，搭配的花器非常重要，造型简洁的玻璃、陶瓷等款式最佳。

预算估价：市场价 50 ~ 180 元 / 组。

# 工业风格

## 一、工业风格的典型要素

工业风格发源地是欧洲但却是从美国开始火热起来的，所以具有一些美式特征。此种风格的家居空间极具个人特色且粗犷、神秘，深受年轻人的喜爱。它的一个典型特点就是"裸露"建筑的本色，例如不做任何修饰的红砖墙、水泥墙，仅涂刷油漆的管道等，越是斑驳的越具有工业的味道。

### 1. 风格特点及整体预算

工业风格实际上就是将工业中的元素运用到家居装饰之中，比如钢筋水泥、裸露的屋顶等，它具有LOFT和水泥风格这两者的特征，色彩上通常是以黑、白、灰为主色调，装饰上多使用皮质、老旧的元素，表现的是追求自由、奔放和个性化的意境，装修整体造价通常为16万~28万元。

### 2. 硬装材料预算适选范围

铁艺、水泥以及裸露，是工业风格最重要的表现形式，表现在硬装材料上主要有裸露不均匀水泥涂层和错综管道的屋顶、各种刷黑漆处理或带有锈迹的铁质管道、带有水泥抹缝的红砖墙、水泥墙面或地面等，实际上如果场地合适或原建筑材料是砖混结构，在硬装上是非常节省资金的。

### 3. 软装预算适选范围

做旧处理是工业风软装的一个重要特点，沙发、沙发椅等以皮质为主，可以选择贵一些的款式。而如餐椅、灯具以及小饰品等就比较便宜，甚至还可以去二手市场寻找材料进行 DIY 制作，可以节约不少资金。

# 二、工业风格典型硬装材料预算

**1**

**红砖墙面**

墙体是工业风格家居的重要装饰部分，是体现风格的重要元素。其设计是十分独特的，直接以裸露的红色砖块构成墙壁，或者裸露大部分而小部分抹上水泥，除此之外还能在砖头之上进行粉刷，不管是涂上黑色、白色或是灰色，都能带给室内一种老旧却又摩登的视觉效果，十分适合工业风格的粗犷氛围。

预算估价：市场价 90 ~ 180 元 /m²。

**2**

**仿砖纹文化石**

如果建筑结构是砖混结构那么只需要处理一下水泥面将底层裸露即可，除此之外如果楼板称重允许还可以砌筑砖墙，但上面两种都没法实现的情况下，就可以用仿砖纹的文化石来代替红砖，制造砖墙的效果。

预算估价：市场价 80 ~ 130 元 /m²。

**3**

**原始的水泥墙面、顶面**

如果砖墙制作过于麻烦，还可以用水泥简单的涂抹墙面和顶面，无论底层是什么材料都可以实施，表面无须处理的特别光滑和平整，追求的是原始的效果，比起砖墙的复古感，水泥墙更有一分沉静与现代感。

预算估价：市场价 15 ~ 20 元 /m²。

**4** **水泥纤维板**

单独使用水泥或红砖会显得略有些单调，就可以在一些墙面使用水泥纤维板来调节层次感，它的施工方式比较简单。建议选购方形板或切割成方形，拼接起来比较有节奏感，勾缝处理可以明显一些。

预算估价：市场价 55 ~ 75 元 /m²。

**5** **水泥地面**

工厂的地面通常是用水泥处理的，所以工业风格的家居中，地面通常不使用地砖、大理石风材料，而是使用一些具有原始感的材料，最典型的材料仍然是水泥。水泥地面制作有两种方式，一种是简单的涂抹，然后将表面磨光，比较便宜；一种是自流平地面，表面亮度高，可以做纹理，价格比较高。

预算估价：市场价 35 ~ 220 元 /m²。

**6** **仿旧木地板**

除了水泥地面，仿水泥质感或带有做旧纹理效果的木地板也很适合工业风格家居，地板上还可以带一些有涂鸦感的字母或图案，通常来说，复合木地板款式较多也更好打理。

预算估价：市场价 60 ~ 155 元 /m²。

**7** **实木板条门**

工业风格的家居中门的设计是非常具有特点的，因为工厂中通常不会使用太多的门，所以家居中隐私不强的空间就可以只使用垭口，而需要用门的空间，多用做旧的实木板条拼接成门，而后采用外露式的吊柜做成推拉形式。

预算估价：市场价 800 ~ 1500 元 / 组。

# 三、工业风格典型家具预算

**1**

### 皮革拉扣沙发

工业风格家居中使用的沙发多为皮革材料的款式，因承袭了欧式和美式沙发的一些特点，所以主体部分上带有拉扣、扶手有圆弧造型、边角部分偶尔会使用铆钉。搭配关键在于皮的颜色与材质，带有磨旧感与经典色的皮革更具有风格特征。

预算估价：市场价 5600 ~ 15000 元 / 张。

**2**

### 黑色铁艺 + 做旧木几类

典型的工业风格几类通常腿部或框架都带有黑色的铁艺，面层是经过做旧处理的实木板，有一些款式的腿部连接处会做成突出式的设计，来体现工业感。

预算估价：市场价 220 ~ 1900 元 / 个。

**3**

### 金属水管造型床

工业风格的床仍然是以金属为主的，有单独金属、金属和做旧木板以及金属和皮质三种类型，金属部分多为黑色铁管或组合的款式，造型中会使用一些铁质三通、直通等管件来连接铁管。

预算估价：市场价 800 ~ 4800 元 / 张。

**4**

### 老旧原木桌、柜

工业风格的桌、柜类家具常有原木的踪迹，许多铁制框架的桌、柜会用原木板来作为桌面、柜面以及柜门，如此一来就能够完整的展现木纹的深浅与纹路变化。尤其是老旧、有年纪的木头，做出来的家具更有质感。

预算估价：市场价 600 ~ 4200 元 / 件。

**5**

### 金属座椅

金属是种强韧又耐久的材料，是工业风格的代表材料，不过金属风格过为冷硬，多与做旧木混搭制成椅子，或涂刷成明度比较高的色彩，例如红色、蓝色或黄色等，既能保留家中温度又不失粗犷感。

预算估价：市场价 140 ~ 4000 元 / 张。

**TIPS**

### 改造老家具个性又节约

工业风格家具的一个特点就是老旧，特别是茶几、桌、柜一类的家具，多采用做旧的木板搭配铁框架制成，然而此类家具中一些比较有个性的款式价格并不低，如果居住地有不错的二手市场，可以试着购买一些二手实木板的家具和铁框，让装修师傅或自己组装，无须做过于复杂的表面装饰，清理干净就非常个性，同时还能节约一部分资金。

## 四、工业风格典型饰品预算

**1**

### 裸露灯泡的灯具

金属骨架和双关节灯具，以及样式多变的钨丝灯泡和用布料编织的电线，都是工业风格家居中非常重要的元素，装上这样的灯具能改变整个家居空间的氛围。

预算估价：市场价 120 ~ 1500 元 / 盏。

**2**

### 做旧感的树脂吊灯

具有做旧感的鹿角造型的、裸露灯泡的树脂吊灯，能够表现出工业风格中粗犷的一面，非常适合举架比较高的家居空间使用，例如客厅、餐厅，可以彰显独特的个性。

预算估价：市场价 240 ~ 600 元 / 盏。

**3**

### 复古木版画

做旧实木可以用在硬装和家具上，具有典型工业风格的装饰画也是以做旧实木为底制作的，上面通过粘贴、彩绘等方式制成具有浓郁复古感的木版画，图案具有美式特征，多以美式人物、各种复古车、建筑等为主。

预算估价：市场价 60 ~ 550 元 / 组。

**4**

### 做旧感的织物

织物以棉麻或毛皮为主，例如棉麻窗帘、靠枕以及毛皮地毯，色彩则多为无色系中的黑、白、灰单独或组合使用，以及一些做旧感的低彩度彩色，图案特征与版画类似。例如古旧的汽车、红蓝色的米字旗、美式建筑或人物等。

预算估价：市场价 120 ~ 320 元 / 组。

**5**

### 铁皮饰品

铁艺是工业风格极具代表性的一种材料，所以铁皮饰品是非常具有代表性的一类软装饰，不论是做旧处理的还是涂刷油漆的都很常见，包括各种铁皮娃娃、铁皮汽车摩托车、铁皮电话亭、铁皮摄像机、金属机器零件等，都充满了工业气息，与工业风格家居搭配能够强化风格特征。

预算估价：市场价 70 ~ 480 元 / 组。

**6**

### 微、小型绿植

比起花艺来说工业风格家居的整体氛围与绿植更搭调，尤其是小型和微型的盆栽，可以摆放在桌面或柜面上，比较具有个性的方式是使用花盆灯，将钨丝灯泡、黑色铁艺和绿植组合起来。

预算估价：市场价 40 ~ 360 元 / 组。

## 风格对比：简约、现代、北欧、工业

　　简约风格、现代风格、北欧风格和工业风格都属于硬装方面装饰比较少而比较注重后期软装的装饰风格，当预算充足时可以装饰得更具品味一些，而当预算比较少的时候，也能够完成家居的装修。下面从预算、硬装、家具、色彩使用四个角度进行横向对比，有利于更清晰地了解它们之间的区别。

## 一、风格预算对比

风格适用人群、面积、预算与预算范围分配重点

| 风格名称 | 适用人群 | 适用面积 | 预算范围 | 预算分配重点 |
| --- | --- | --- | --- | --- |
| 简约风格 | 任何人群均适用 | √小户型<br>√中户型 | 10 万 ~ 18 万元 | ◎顶面、墙面造型从简<br>◎家具作为预算重点<br>◎饰品适量 |
| 现代风格 | 对时尚潮流有追求的中青年人群 | √中户型<br>√大户型 | 15 万 ~ 32 万元 | ◎顶面、墙面宜适当设计一些造型，预算可定为总价的 1/5 左右<br>◎家具作为预算重点<br>◎饰品适量 |
| 北欧风格 | 单身青年或新婚夫妇 | √小户型<br>√中户型 | 13 万 ~ 20 万元 | ◎顶面、墙面完全不做造型<br>◎家具作为预算重点<br>◎饰品精简 |
| 工业风格 | 男性单身青年或以男性为主导的青年家庭 | √中户型<br>√大户型 | 16 万 ~ 28 万元 | ◎水泥或涂料顶、水泥或红砖墙，根据房屋结构决定预算支出<br>◎家具作为预算重点<br>◎饰品适量 |

## 二、风格硬装材料对比

| 风格名称 | 地面适用材料 | 墙面适用材料 | 预算范围 |
|---|---|---|---|
| 简约风格 | 玻化砖、复合木地板 | 乳胶漆、镜面、壁纸 | 3 万~5 万元 |
| 现代风格 | 大理石、仿石材地砖、复合木地板 | 大理石、不锈钢、镜面、壁纸 | 5 万~8 万元 |
| 北欧风格 | 实木地板、复合地板 | 乳胶漆、涂料、白色砖墙 | 3 万~5 万元 |
| 工业风格 | 水泥、复合地板 | 水泥、红砖 | 4 万~7 万元 |

## 三、风格家具特点及预算对比

| 风格名称 | 家具造型 | 家具材料 | 预算范围 |
|---|---|---|---|
| 简约风格 | 少曲线、简洁造型的家具 | 石材、木料、玻璃、金属等 | 5 万~10 万元 |
| 现代风格 | 讲求结构，具有个性，仍以直线为主 | 石材、板式、玻璃、金属等 | 8 万~20 万元 |
| 北欧风格 | 造型极简，低矮，实用，舒适 | 木料、布艺、铁艺 | 4 万~9 万元 |
| 工业风格 | 比较宽大且厚重，具有复古感的造型 | 做旧实木、金属、做旧皮料 | 5 万~18 万元 |

## 四、风格色彩对比

| 风格名称 | 墙、地面背景色 | 软装色彩 |
|---|---|---|
| 简约风格 | 常以白色为主 | 黑、白、灰或纯度较高的彩色 |
| 现代风格 | 黑、白、灰以及棕色 | 黑、白、灰、棕色或纯度较高的彩色 |
| 北欧风格 | 常以白色为主，搭配浅灰色或黑色 | 黑、白、灰或比较纯净柔和的彩色 |
| 工业风格 | 灰色、白色或砖红色 | 黑色、做旧棕色、棕红色等，色调比较深暗 |

# 中式风格——传统中式

## 一、传统中式风格的典型要素

中式传统风格是以宫廷建筑为代表的室内装饰设计艺术风格，它是在现代住宅中对古典元素的完美重现，装饰效果气势恢弘、壮丽华贵。需要比较高和进深大的空间，其造型讲究对称，色彩讲究对比，装饰材料以实木为主，图案多为是与传统神话有关的龙、凤、龟、狮等。

### 1. 风格特点及整体预算

传统中式风格的特点是多采用对称式造型和布局，整体装饰具有丰富的文化底蕴和历史传承的痕迹，传统图案和造型符号使用较多，装修整体造价通常为 30 万~ 85 万元。

### 2. 硬装材料预算适选范围

中国古代宫廷建筑室内多使用木质材料做装饰，所以传统中式风格也延续了这一特点，墙面甚至是顶面多采用各类木质材料做装饰，但颜色都比较厚重，例如各类深棕色、棕红色的饰面板和实木等。为了调节层次感，也常会搭配一些带有中式图案的壁纸。比较来说，传统中式住宅在硬装方面预算是比较高的。

### 3. 软装预算适选范围

实木家具是非常具有中式代表性的，包括各类红色、花梨木、檀木等，价格通常比较高，所以是预算的分配重点。其中使用较多的有两大类，一类是明式风格家具、另一类是清式风格家具，前者较轻盈、婉约，后者较厚重、华丽。而且可用一些宫灯、国画、书法作品、文房四宝等来增强中式特征。

# 二、传统中式风格典型硬装材料预算

**1**

**合成板材**

在使用传统中式风格的住宅中，木料是不可缺少的一种硬装材料，通常是需要配合基层板材做造型或用在门窗等位置来使用的，如果想要在硬装上节约资金可以使用人工合成类的木纹饰面板、木线条或护墙板。

预算估价：市场价 120 ~ 550 元 /m$^2$。

**2**

**实木**

若硬装方面的计划预算比较宽裕且想要环保一些，可以用实木板、实木线条来装饰顶面、墙面和门窗，需注意的是不同类型的实木板价格差距是比较大的，喜欢珍稀类的实木可以将其放在重点部位，例如背景墙，其他部分拼接普通一些的板材。

预算估价：市场价 350 ~ 3000 元 /m$^2$。

**3**

**传统图案壁纸**

单独使用木质材料装饰墙面不符合现代人的审美观念，且现代住宅即使是高、深的户型与古代也是没有办法比较的，所以适当的使用一些带有神兽、祥纹等传统图案的壁纸，不仅会让人感觉更舒适，也能够丰富层次，减轻木质材料的厚重感。

预算估价：市场价 200 ~ 350 元 / 卷。

### 青砖

青砖具有素雅、沉稳、古朴、宁静的美感，属于中式民间传统建筑材料之一，与传统中式家居的气氛搭配非常协调，可以与壁纸、实木等其他材料组合用在背景墙上，除此之外，也可以用在地面上，无须做饰面处理，表面的孔洞即可防滑。

预算估价：市场价 25 ~ 50 元 /m²。

### 青石板岩

青石板岩有着与青砖类似的效果，可以分为天然板岩和人造板岩砖两种，前者效果更自然，后者价格较低且更好打理一些，可根据需求选择。不同的是，在公共区中，青石板更适合用在地面上，而在卫浴间中则墙面和地面均可用青石板岩。

预算估价：市场价 28 ~ 65 元 /m²。

### 镂空造型

镂空类造型如窗棂、花格等是中式传统风格的灵魂，常用的有回字纹、冰裂纹、卍字纹等，具有丰富的层次感，即使数量较少也能为居室增添古典韵味，常被用在顶面、墙面、月亮门等处。

预算估价：市场价 450 ~ 750 元 /m²。

### 实木垭口

实木垭口为不安装门的门口，简单地说就是没有门的框，是一种空间分割的方式，常存在于客厅与餐厅、客厅与阳台或卧室与阳台之间。在中式古典风格的家居中，设计一个富有中国特色的垭口，可以大幅提升空间的整体格调，强化古典韵味。

预算估价：市场价 180 ~ 350 元 /m。

# 三、传统中式风格典型家具预算

**1** **实木沙发**

在中国古代宫廷或民间建筑中，是没有沙发这种家具的，而是以各种座椅为主，但为了适应现代人的生活需求，发展出了实木沙发这种家具，多采用红木制作，在传统中式住宅中，多用实木沙发放在客厅来待客，此类沙发多成组出售，有的还包含了几类等配套家具。

预算估价：市场价 8800 元 / 组起，上不封顶。

**2** **圈椅、官帽椅、太师椅等**

无论是明式家具还是清式家具中圈椅、官帽椅和太师椅都是非常具有代表性的家具，可以使用一张主沙发摆放在中间，两侧对称搭配这些类型的椅子，既有变化又能够烘托传统气氛。

预算估价：市场价 1900 ~ 3200 元 / 个。

**3** **几案**

几案类家具在古代作用很多，有食案、画案、花几、香几等不同种类，总的来说可以分为高几案和矮几案两种，而在现代仿古住宅中，它们除了具有实用作用外，更多的是起到装饰作用的，本身造型非常方正，再搭配一些青花瓷瓶等装饰，可以令居室体现出高洁、典雅的意蕴。

预算估价：市场价 900 ~ 2300 元 / 张。

**4** **博古架**

博古架也是中国传统代表家具之一，款式很多，除了用得比较多的立式架子外，还有横式架子可以摆放也可以悬挂在墙面上。它既可以展示物品、存储物品，也可以作为隔断使用，能够为传统中式住宅增添灵动感。

预算估价：市场价 1000 ~ 3800 元 / 组。

**5**

### 榻、罗汉床

榻和罗汉床都属于可坐可卧类的传统中式家具，它们的作用介于座椅和床之间，可用于短时间的睡眠，适合摆放在书房或卧室中。

> 预算估价：市场价 3000 ～ 28000 元 / 张。

**6**

### 架子床

中国古代的床多为架子床和拔步床，后者过于厚重、宽大，不适合现代住宅，所以传统中式风格住宅更适合使用结构精巧、装饰华美的架子床，其床身上架置四柱、四杆，有的在两端和背面设有三面栏杆，多以民间传说、花马山水等为题材，含和谐、平安、吉祥、多福等寓意。

> 预算估价：市场价 3500 ～ 22000 元 / 张。

**7**

### 实木或刺绣屏风

中式屏风为民族传统家具，适合摆放在较大的空间中，一般陈设于室内的显著位置，起到分隔、美化、挡风、协调等作用，材质以完全实木雕花或实木与刺绣组合为主。

> 预算估价：市场价 350 ～ 16000 元 / 组。

## 四、传统中式风格典型饰品预算

**1**

### 实木宫灯

宫灯是非常具有中式传统气质的代表性灯具，框架为实木材质，多为中式造型雕花；灯罩辅以纱、羊皮等材料，多搭配中式韵味彩绘，充满了宫廷韵味，装饰效果美轮美奂。

> 预算估价：市场价 600 ～ 1800 元 / 盏。

**2**

## 国画

国画是最具中式代表性的一种画作，用卷轴或实木框的画框装裱后悬挂于墙面上，能够为居室增添浓郁的文化气息，一些名家绘制的国画不仅具有装饰作用同时还具有收藏价值。

预算估价：市场价 300 元／组起，上不封顶。

**3**

## 书法作品

与国画相同的是，书法同样是中华民族的瑰宝，同样可以用卷轴或实木画框来装裱，悬挂在墙面上能够彰显居住者的品位和素养。

预算估价：市场价 300 元／组起，上不封顶。

**4**

## 瓷瓶、瓷盘

中国是瓷器的发源地，瓷器在古代闻名于世，它是摆件中最具传统中式代表性的一种，除了青花瓷瓶、盘外，一些彩色瓷器也可以使用。

预算估价：市场价 100 元／组起，上不封顶。

**5**

## 文房四宝

中国汉族传统文化中的文书工具，即笔、墨、纸、砚。既具有实用功能，又能令居室充分彰显出中式古典风情，很适合摆放在博古架或书房中。

预算估价：市场价 70 ～ 350 元／组。

**TIPS**

### 选择仿制品中的高质量产品可以节约资金

在传统中式风格的家具和饰品中，可以看到很多物品的预算估价上不封顶，是因为一些流传下来的家具或名家字画是无法估算价格的，有的可能高达上亿元。如果想要节约资金，建议选择现代生产的仿制品中质量较好、做工精细的产品，既符合风格特征又能够彰显品位。

# 中式风格——新中式

## 一、新中式风格的典型要素

如果说传统中式风格是对古典的再现，那么新中式风格就是对古典精华元素的再加工。它继承了明清时期家居理念的精华，并将其中的一些经典元素提炼并加以丰富，包括图案、造型和色彩等。同时改变严谨、对称的布局，给传统家居文化注入了新的气息，比较具有特点的是木质材料仍使用的较多。

### 1. 风格特点及整体预算

新中式风格不是完全意义上的复古明清，而是通过一些中式特征，表达对清雅含蓄、端庄丰华的东方式精神境界的追求，装饰材料的选择上木料仍然占据的比例较大，但并不仅限于木料，天然类的石材、一些新型的金属、玻璃等也常运用在其中，装修整体造价通常为20万~45万元。

### 2. 硬装材料预算适选范围

木料仍是非常具有代表性的材料，建议在硬装材料的预算中可以加大资金的比例，为了表现新中式的特征，实木材料的比例会减少很多，多使用板材做装饰。而一些石材、砖、不锈钢、玻璃等材料可以适量的加入进来。

### 3. 软装预算适选范围

新中式风格在软装上与传统中式相比变动较大，它仅具有中式的神韵，而更多的使用的是现代的造型手法和材料组合，预算的重点部分建议放在大件家具、灯具和摆件上。例如主沙发、主吊灯和大型摆件贵一些，辅助沙发、座椅、小灯具以及小摆件的价格可以低一些。

# 二、新中式风格典型硬装材料预算

**1**

**木质材料**

新中式风格的木质材料使用，不再像传统中式风格那样一般覆盖满整个墙面，而是要做一些留白的设计，利用木质材料的纹理结合其他材料，塑造出多层次的质感。如回字形吊顶一圈细长的实木线条，或是电视机背景墙用实木线条勾勒出中式花窗造型等。

预算估价：市场价 350 ~ 750 元 /m²。

**2**

**新中式壁纸**

新中式风格的壁纸具有清淡优雅之风，多带有花鸟、梅兰、竹菊、山水、祥云、回纹、书法文字或古代侍女等中式图案，色彩淡雅、柔和，一般比较简单，不具繁琐之感。可单独粘贴在墙面上，也可以搭配一些木质或石膏板造型制造层次感。

预算估价：市场价 140 ~ 280 元 / 卷。

**3**

**浅色乳胶漆或涂料**

使用一些浅色乳胶漆或涂料来涂刷墙面，例如白色、淡黄色、米色等，搭配木质造型或壁纸，能够形成比较明快的节奏感，体现出新中式风格中留白的意境。

预算估价：市场价 35 ~ 55 元 /m²。

**4** **天然石材**

石材纹理自然、独特且具有时尚感，用途比较广泛。在新中式住宅中适量的使用一些石材可以提升整体的现代感，使用时可以用来装饰地面，也可以搭配木料做造型用在背景墙上。

预算估价：市场价 350 ~ 720 元 /m²。

**5** **青砖或仿青砖 3D 壁纸**

青砖具有古朴、粗犷的韵味，属于中国民居中的常用材料，将其错缝铺设用在部分墙面上，无须过多的粉饰和搭配，仅搭配中国画或书法就自有一番意境。但青砖需要砌筑，如果无法实现则可以使用仿青砖的 3D 壁纸来代替。

预算估价：市场价 25 ~ 55 元 /m²。

**6** **仿制纹理地砖**

若从节约资金和施工便捷性的角度出发，地面使用一些仿大理石纹理、仿实木地板纹理或仿青石板的地砖，既能够增添一些古雅的韵味，又符合现代人的生活需求。

预算估价：市场价 80 ~ 320 元 /m²。

**7** **不锈钢**

新中式风格住宅中除去会比较多地运用一些实木线条外，还会经常使用金色或银色的不锈钢设计加入到墙面造型中。如在背景的石材造型四周包裹不锈钢，使不锈钢与石材的硬朗质感良好地融合在一起，使古典和时尚融合。

预算估价：市场价 15 ~ 35 元 /m。

# 三、新中式风格典型家具预算

**1 木框架组合材质沙发**

可以分为两类，一类是实木沙发，与传统实木沙发的区别是新中式风格的实木沙发基本不使用雕花造型，整体造型比较简洁，多为直线条，有些还会涂刷彩色油漆；一类是复合材质的沙发，框架部分也常使用木料，或木料搭配藤等，靠背和扶手材料较丰富，除了实木还有纯色布艺、中式印花布艺、中式丝绸刺绣、中式印花丝绸等。

预算估价：市场价 5800 ～ 12000 元 / 组。

**2 彩漆实木座椅**

新中式风格的实木座椅非常具有创意性，造型上凝聚了传统家具的精粹，同样使用圈椅、官帽椅、太师椅等椅子的外形，但去掉了雕花部分。色彩范围有所扩大，除了深色实木外，还加入浅色实木和使用红、蓝、绿、黑等色彩的彩漆涂刷表层。

预算估价：市场价 290 ～ 1500 元 / 个。

**3 中式造型金属椅**

除了实木材质的座椅外，新中式风格的座椅还加入了金属材料，例如金属圈椅、金属和实木混合的官帽椅等，是古典和现代的完美融合。

预算估价：市场价 150 ～ 800 元 / 个。

**4 简化中式造型几案**

几案的造型比较简洁，虽然会带有一些束腰类的造型，但基本不使用小且密集的雕花造型，而是大刀阔斧的将直线条或用整体式的卷纹、回纹等用在腿部或脚部。

预算估价：市场价 180 ～ 1800 元 / 张。

**5** **做旧实木柜、彩绘实木柜**

经过彩色油漆或彩色油漆加彩绘的柜子，表面做一些类似掉漆等形态的做旧处理，具有传承的感觉，非常适合放在玄关、过道或卧室内做装饰，能够为新中式的居室增添个性和艺术氛围。

预算估价：市场价 1000 ~ 5500 元 / 个。

**6** **实木 + 玻璃或金属桌**

实木餐桌并不完全采用全实木结构，而是在桌面运用通透的钢化玻璃，四周用实木包裹，餐桌腿造型简洁且具有厚重感，突破传统中式餐桌的繁复造型，以简洁的直线条取胜。

预算估价：市场价 3700 ~ 6800 元 / 张。

**7** **简洁造型架子床**

架子床仍然是非常具有代表性的家具，但是造型上简化了很多，不加入雕花设计，多为直线条造型，材质有实木也有复合木，整体感觉较轻盈，顶面可搭配白纱烘托氛围。

预算估价：市场价 5800 ~ 9600 元 / 张。

## 四、新中式风格典型饰品预算

**1** **金属框架中式符号吊灯**

新中式风格的吊灯仍然带有传统的文化符号，但不像中式灯具那样具象，雕花等复杂的元素大大的减少，整体更简洁、时尚。不再仅限于实木结构，而是更多的使用现代材料，如各种金属。

预算估价：市场价 600 ~ 2200 元 / 盏。

**2**

**水墨抽象画**

与古典中式风格相同的是，古典风格的国画、书法作品等，也适合用在新中式风格的家居中，能够增加古典气氛，表现业主的品位。除此之外，一些带有创意性的水墨抽象画也可以表现新中式风格的传统意境，黑白或彩色均可。

预算估价：市场价 260 ~ 750 元 / 组。

**3**

**传统元素织物**

新中式风格的织物以棉麻和丝绸为主，色彩多为清雅的米色、杏色或富丽的宫廷蓝、红、黄、绿等。图案较简洁，通过刺绣或印制呈现，较多的使用简化的回纹以及山水花鸟等。

预算估价：市场价 180 ~ 360 元 / 组。

**4**

**中式韵味陶瓷摆件**

摆件虽小，却可以称为空间的点睛之笔，如果家具等大件装饰的中式元素不够显著，加入一些具有典型中式韵味的陶瓷摆件，例如青花瓷瓶、花鸟图案瓷瓶等，就可以让新中式的特征更凸显出来。

预算估价：市场价 78 ~ 460 元 / 组。

**5**

**东方风格花艺**

东方风格的花艺重视线条与造型的灵动美感，崇尚自然，追求朴实秀雅，花枝少，多采用浅、淡色彩，以优雅见长，着重表现自然姿态美，能够为新中式住宅增添灵动的美感。与新中式风格的内涵相符，适合摆放在台面或家具上。

预算估价：市场价 30 ~ 200 元 / 组。

1. 了解欧式风格、美式风格、田园风格、以及东南亚风格家居中的典型设计要素。

2. 掌握每种家居风格硬装材料的特点及价位，将其用在关键部位。

3. 掌握每种家居风格中，典型家具的特点及价位，按需选择。

4. 掌握每种家居风格中，典型饰品的特点及价位，按需选择。

**学习要点**

# 欧式风格——古典欧式

## 一、古典欧式风格的典型要素

古典欧式装修风格以华丽的装饰、浓烈的色彩、精美的造型达到雍容华贵的装饰效果，通过极具特点的建筑构建搭配家具塑造出独特的宫廷美感。具体包括了罗马风格、哥特式风格、文艺复兴风格、巴洛克风格、洛可可风格以及新古典主义风格六种详细的分类，其中最具代表性的是巴洛克风格和洛可可风格。

### 1. 风格特点及整体预算

古典欧式风格在经历了古希腊、古罗马的洗礼之后，形成了以柱式、拱券、山花、雕塑为主要构件的石构造装饰风格，因此，欧式风格的中多会出现罗马柱、欧式雕花壁炉或线条等元素，可以将硬装的预算重点放在这些显著特征的构件上，而后搭配一些家具来节省预算，装修整体造价通常为 30 万 ~ 75 万元。

### 2. 硬装材料预算适选范围

古典欧式风格家居顶部喜用大型灯池，门窗上半部多做成圆弧形，并用带有花纹的石膏线勾边，室内有壁炉造型，墙面常用高档壁纸。整体效果非常豪华，适合面积大且开阔的户型，所以硬装方面的预算建议占据的比例大一些，可以为整体预算的 1/3 左右，若欧式构建使用的少一些而多使用壁纸则可以降低预算比例。

### 3. 软装预算适选范围

古典欧式风格的软装也强调造型上的精美和装饰上的奢华感，材料多使用柚木、橡木、胡桃木、黑檀木、天鹅绒和皮革等，五金件用青铜、金、银、锡等，所以占据预算的比例也比较大，建议为去掉硬装后所余金额的 2/3 左右。

## 二、古典欧式风格典型硬装材料预算

**1**

**护墙板**

护墙板是从埃及时期开始盛行的，经历过文艺复兴、巴洛克、洛可可时期，直至现代，有着非常深远的文化与历史意义。现代护墙板有实木材质和复合木板两种类型，属于集成式的设计，可以根据需求进行设计，拥有良好的恒温性、降噪性，不仅能有效保护建筑墙面，又具有极佳的装饰性。包括顶角线、造型板和踢脚线三部分，可以定制各种造型，安装简便，比现场制作墙面木质造型更环保，非常适合用在古典欧式风格住宅中装饰墙面。

预算估价：市场价 200 ~ 2500 元 /m²。

**2**

**藻井式吊顶**

适合使用古典欧式风格进行设计的家居空间，通常面积较大、举架较高，做一些华丽的带有灯池的顶面造型，能够强调欧式的华丽感并减弱由建筑的高度带来的空旷感。稳重、厚实的藻井式吊顶就十分适宜，既可以体现古典欧式风格的大气感，又能丰富顶面的视觉层次。

预算估价：市场价 150 ~ 260 元 /m²。

## 3 欧式纹理壁纸

欧式纹理纹理壁纸包括莨苕纹、月桂纹、叶蔓纹、卷草纹、大马士革纹、佩兹利纹等，使用带有此类图案的壁纸与护墙板或石膏线搭配，能够烘托出华丽而富丽的感觉。

预算估价：市场价 220 ~ 420 元 / 卷。

## 4 雕花石膏线

雕花石膏线在古典欧式风格住宅中的作用很多，除了可以装饰顶角外，还可以直接粘贴在顶部和墙面上做造型，如果想要强化华丽感，还可以用带有描金设计的款式。

预算估价：市场价 15 ~ 35 元 /m。

## 5 拱形门、窗套

古典欧式建筑的举架非常高，所以门窗多使用拱形造型，在现代建筑中，也延续了这个特点，选择古典欧式装饰风格的住宅，即使墙面装饰得不够华丽，只要使用带有欧式构建或雕花设计的拱形门窗，也可以烘托出风格特征。

预算估价：市场价 2600 ~ 4200 元 / 套。

## 6 石材拼花地面

因顶面造型都比较复杂，如果地面过于朴素就会形成上重下轻的感觉，所以古典欧式风格的地面也多采用石材拼花，体现出雍容华贵的感觉。

预算估价：市场价 180 ~ 680 元 /m$^2$。

## 7 壁炉

壁炉是西方文化的典型载体，很适合用在客厅中。可以使用具有取暖作用的真壁炉，也可以使用壁炉造型，辅以油画以及饰品，营造出极具西方情调的空间。

预算估价：市场价 1500 ~ 4200 元 / 个。

## 三、古典欧式风格典型家具预算

**1** **雕花鎏金、描金沙发**

古典欧式风格沙发讲究手工精细的裁切雕刻，对每个细节都精益求精，轮廓和转折部分由对称而富有节奏感的曲线或曲面构成，表面多会装饰镀金、镀银、铜饰，坐卧部分以天鹅绒、皮料等为主，具有华贵优雅的装饰效果。

预算估价：市场价 1700 ~ 12000 元 / 张。

**2** **兽腿几类**

古典欧式风格几类多采用兽腿造型，上面带有繁复流畅的雕花可以增强家具的流动感，也会使用鎏金或描金设计，面层多为实木或大理石，这种组合令家居环境更具品质感，与沙发搭配非常协调。

预算估价：市场价 1800 ~ 4600 元 / 个。

**3** **雕花曲线贵妃椅**

贵妃沙发椅整体都带有优美玲珑的曲线，沙发靠背弯曲，靠背和扶手浑然一体，腿部或框架部分带有欧式雕花，可以传达出奢美、华贵的宫廷气息。因为欧式沙发给人的感觉比较厚重，所以在沙发组合中将部分沙发换成贵妃椅，不仅能够增强华丽感，还能够调节层次。

预算估价：市场价 1600 ~ 3800 元 / 张。

**4** **曲线雕花描金实木桌、柜**

古典欧式风格桌、柜类家具以实木材料为主，常用的有柚木、榉木、橡木、胡桃木、桃花心木等。在边缘、面板或腿部同样会做一些曲线雕花造型和描金设计，厚重又华丽。

预算估价：市场价 980 ~ 16000 元 / 件。

**5**

### 实木雕花或实木雕花 + 皮质软包床

古典欧式风格床总体造型可以分为立柱床和非立柱床两大类，特征类似，或为全实木材质，搭配精致的曲线雕花；或为实木框架搭配软包拉扣床头，华丽而不失舒适感。

> 预算估价：市场价 2800 ~ 11000 元 / 张。

**6**

### 软包拉扣床尾凳

床尾凳并非是卧室中不可缺少的家具，但却是古典欧式风格家居中很有代表性的家具，通常是木质框架搭配软包拉扣式的组合，具有较强的装饰性，能够极大的丰富大卧室内的装饰层次还不显得凌乱。

> 预算估价：市场价 800 ~ 2600 元 / 个。

## 四、古典欧式风格典型饰品预算

**1**

### 雕花描金树脂灯具

古典欧式风格灯具多以树脂和铁艺为主，其中树脂运用的比较多，通常会带有一些雕刻式花纹造型，而后多会贴上金箔、银箔或做描金处理，非常具有华丽的质感。

> 预算估价：市场价 600 ~ 3500 元 / 盏。

### 色彩浓丽的油画

油画是西洋画的主要画种之一，它的色彩搭配比较浓烈，搭配金色的树脂画框后，非常适合用在古典欧式风格家居中，能够烘托艺术感并增强华丽感。

> 预算估价：市场价 180 ~ 880 元 / 组。

**3**

### 植绒材料布艺

古典欧式风格布艺材料的选择上以植绒材质为主，色彩多或淡雅或浓郁，常用的有象牙白、大地色、暗红色等；图案最具代表性的是大马士革图案，佩斯利图案和欧式卷草纹也比较典型。

预算估价：市场价 1600 ~ 5500 元 / 组。

**4**

### 雕像摆件

欧洲艺术史上有很多著名的雕像，例如维纳斯、大卫等，将仿制雕像作品运用于古典欧式风格的家居中，可以体现出一种文化气息与历史传承。

预算估价：市场价 300 ~ 600 元 / 个。

**5**

### 西方风格花艺

西方风格花艺花材用量大，追求块面和群体的艺术魅力，具有追求繁盛的视觉效果，布置形式多为几何形式，色彩浓厚、浓艳，且对比强烈，能够创造出热烈的气氛和富贵豪华感，往往能够成为古典欧式家居的点睛之笔。

预算估价：市场价 230 ~ 350 元 / 组。

**TIPS**

### 掌握设计重点，达到节约资金的目的

选择古典欧式风格来装修，如果没有一个预算额度做约束最后资金使用可能会超出几倍的预算，那么如何既装修的符合风格特征又能够节约资金呢？可以将资金的重点放在具有风格特点的设计部位上，例如电视墙或沙发墙做一些典型欧式造型，其他墙面粘贴壁纸搭配石膏线，顶面设计可以简单一些。重点的大件软装选择做工精致的款式，饰品降低预算并精简数量。

# 欧式风格——简约欧式

## 一、简约欧式风格的典型要素

简欧风格就是将古典欧式风格简化后的欧式风格，古典欧式风格对建筑的构架要求较高且比较华丽，对于喜爱欧式风格但居住在平层的人群来说，难以使用。而简欧风格不仅汲取了古典欧式的造型精华部分，且融合了现代人的生活习惯和建筑结构特征，更多的表现为实用性和多元化，同时仍具有欧式风格的典雅特征。

### 1. 风格特点及整体预算

简欧风格就是用现代简约的手法通过现代的材料及工艺重新演绎、营造欧式传承的浪漫、休闲、华丽大气的氛围。墙面和家具的造型一方面保留了古典欧式材质、色彩的大致风格，仍然可以很强烈地感受到传统的历史痕迹与浑厚的文化底蕴，同时又摒弃了过于复杂的肌理和装饰。预算的金额要低于古典欧式风格，装修整体造价通常为 22 万~ 52 万元。

### 2. 硬装材料预算适选范围

简欧风格家居不再使用复杂的、大量式的顶面和墙面造型，例如跌级式吊灯和护墙板等，而是以乳胶漆、壁纸等材料搭配无雕花装饰的石膏线或大理石来做造型，门窗的设计也更简约，以直线条为主，硬装的底色大多采用白色、淡色为主。总体来说硬装造型上有两个特征，一是对称，多为方形；二是使用的材料细节上具有精致感。如果从节约资金的角度出发，一个空间内可以设计一面重点墙面，其他部分不使用造型。

### 3. 软装预算适选范围

简欧风格家居中的软装不再追求表面的奢华和美感，而是更多从解决人们生活的实际问题出发来选择，即使是中小户等户型的家居同样可以摆放。软装的总体造型设计上延续了欧式经典的曲面设计，但弧度更大气，大大减少了雕花、描金等装饰，还加入了大量的直线，来表现简洁感。

# 二、简约欧式风格典型硬装材料预算

**1**

**线条造型**

简欧风格家居中为了凸显简洁感很少会使用护墙板，为了在细节上表现欧式造型特征，通常是把石膏线或木线用在重点墙面上，做具有欧式特点的造型。

预算估价：市场价 15 ～ 35 元 /m。

**2**

**壁纸**

除了大马士革纹、佩兹利纹等古典欧式风格纹理的壁纸外，简欧风格居室内还可以使用条纹和碎花图案的壁纸，在同一个空间中很少会单独使用壁纸来贴墙，在主题墙部分会搭配一些造型，其他墙面再部分或全部粘贴壁纸，或者仅主题墙粘贴壁纸更符合简欧风格的特征。

预算估价：市场价 180 ～ 420 元 / 卷。

**3**

**圣经壁纸画**

圣经里的故事是非常具有欧式代表性的，在欧式大教堂中经常出现，选择以圣经故事为画面的壁纸画搭配简单的线条造型，用在背景墙部位，能够为居室增添艺术感，它是可以定制的，根据尺寸来定价。

预算估价：市场价 78 ～ 350 元 / 张。

**4**

### 雕花石膏造型吊顶

延续了古典欧式风格的一些特征，简欧风格家居仍会采用吊顶，但层级结构更简单一些，除此之外，如果房间高度比较低的时候，可以用集成式的石膏雕花直接粘贴在顶面上，通常是围绕着吊灯来布置的，以凸显细节上的精致感。

预算估价：市场价 56 ~ 238 元 / 组。

**5**

### 大理石地面

根据户型的特点来选择简欧风格居室的地面材料，如果是复式或别墅，一层可以整体铺贴大理石，加入一些拼花设计，来彰显大气感；如果是平层结构，可以在公共区铺设大理石，面积小的情况下，可以不做大面积的拼花而做小块面的拼花。

预算估价：市场价 120 ~ 380 元 /m²。

**6**

### 复合木地板

舒适感的营造是简欧风格区别于古典欧式风格的一个显著特征，所以在非公共区域内，使用一些木质地板能够增添温馨的感觉。包括卧室、书房等空间中，色彩的选择比较重要，宜避免使用比较火热的红色系，浅原木色和棕色系都很合适。

预算估价：市场价 85 ~ 280 元 /m²。

**7**

### 简化的壁炉

壁炉是欧式设计的精华所在，所以在简欧风格居室中也是很常见的硬装造型，与古典欧式风格的壁炉的区别是，它的造型更简洁一些，整体具有欧式特点但不再使用繁复的雕花。

预算估价：市场价 800 ~ 3200 元 / 个。

## 三、简约欧式风格典型家具预算

**1**

### 线条具有西式特征的沙发

简欧风格的沙发体积被缩小，同时雕花、鎏金等华丽的设计大量的减少，或只出现在扶手或腿部，或完全不使用。除了丝绒和皮料，还加入了不少布艺的款式。整体造型更大气，仍然使用弧度，但更多的融入了直线。

预算估价：市场价 3100 ~ 8800 元 / 张。

**2**

### 少雕花简约曲线座椅

简欧风格的座椅在外形上以曲线为主，但给人的感觉更简洁，偶尔会在背部或腿部使用非常少的雕花，材质不再局限于实木，金属、布艺等也较多的被使用。

预算估价：市场价 260 ~ 380 元 / 个。

**3**

### 少雕花兽腿几类

几类有两大类，一类仍会带有一些雕花和描金设计，但并不复杂，材质以实木搭配石材为主；另一类是比较简洁的款式，除了实木还会加入金属或玻璃材料。

预算估价：市场价 800 ~ 1900 元 / 张。

**4**

### 曲线腿造型桌、柜

简欧风格的桌、柜除了会使用实木材料外，还加入了金属、混油等材料，整体造型和装饰不再华丽，而是从细节上来凸显欧式感觉，如底部边缘使用起伏的弧度或使用曲线腿等。

预算估价：市场价 650 ~ 2600 元 / 件。

**5**

### 简洁曲线软包床

靠背或立板的下沿使用简洁的大幅度曲线、床头板部分多使用舒适的皮质软包且腿部比较矮的床，用在简欧风格的卧室中，能够彰显风格特点。

预算估价：市场价 1500 ～ 4200 元 / 张。

**TIPS**

### 成系列购入主要家具，从小件家具上省钱

由于墙面造型比较简约，所以简欧风格的家居中，家具成系列使用更容易塑造出富含底蕴的效果。若从节约资金的角度来考虑，可以成套选择主要家具，例如沙发、茶几和餐桌椅，用比较引人注意的家具来彰显风格特征和精致感，其他的小件家具则可以选择同色系但价格低一些的产品。

## 四、简约欧式风格典型饰品预算

**1**

### 线条柔和的水晶吊灯

框架造型以柔和感的曲线为构架，不使用或很少使用复杂的雕花，灯使用仿烛台款式，下方悬挂水晶装饰的吊灯，能够为简欧风格的家居增添低调的华丽感。

预算估价：市场价 350 ～ 1500 元 / 盏。

**2**

### 现代油画

简欧风格家居除了适合使用一些画框造型比较简单但带有欧式特征的古典西洋油画外，还适合使用一些现代感的油画，例如立体油画、抽象油画等。

预算估价：市场价 78 ～ 420 元 / 组。

**3**

### 摄影画

如果想增添一些时尚感和现代感来体现简欧风格的特点也可以使用人物、风景或建筑为主题的摄影画来装饰家居。画面色彩可以是完全的黑、白、灰，也可以是比较具有高雅感的彩色组合，色彩不宜过于鲜艳，搭配简洁一些的画框会更具协调感。

预算估价：市场价 100 ~ 350 元 / 组。

**4**

### 金属摆件

金属摆件是简欧风格区别于古典欧式风格的一个显著元素，有两种类型，一类是纯粹的金属，此类摆件表面不会处理得很光滑，独具个性和艺术感；另一类是金属和玻璃结合的摆件，金属部分通常会比较光亮。

预算估价：市场价 150 ~ 280 元 / 组。

**5**

### 树脂摆件

树脂摆件是一种具有传承性的软装，但简欧风格的树脂摆件相较于古典欧式风格的来说题材更丰富，不再仅限于欧式经典人物，各类建筑物、小动物、芭蕾舞女孩等都非常常见，色彩比较淡雅、内敛，不管是何种造型，整体都给人很典雅的感觉。

预算估价：市场价 65 ~ 360 元 / 组。

**6**

### 简化欧式图案布艺

简欧风格布艺减少了植绒材料的使用，更多的加入了丝光面料和棉质材料，来表现低调的华丽感和多元化的感觉，图案或为简化后的欧式经典图案或为比较现代的欧式水晶灯、人物头像等。

预算估价：市场价 120 ~ 660 元 / 组。

# 美式风格——美式乡村

## 一、美式乡村风格的典型要素

美式乡村风格是一种融合性的风格，是以欧式造型为框架并融入了本民族的特征，创造出的独具质朴感和舒适感的设计风格。此风格的家居以舒适机能为导向，强调"回归自然"，带着浓浓的乡村气息，以享受为最高原则，总体来看其典型的要素就是宽大和做旧。

### 1. 风格特点及整体预算

为了表现风格中自由、舒适的惬意感，美式乡村风格家居造型上多见圆润的拱形，最常见的是拱形的垭口；同时宽大的特点决定了使用它的户型不能过于狭小，所以面积通常都不小。无论是圆弧造型、较大的面积还是宽大的家具，花费的资金都不少，整合起来后装修整体造价通常为20万~58万元。

### 2. 硬装材料预算适选范围

自然、怀旧、散发着浓郁泥土芬芳的色彩是美式乡村风格的典型特征，以自然色调为主，绿色、土褐色最为常见，而这些色彩在硬装方面主要是通过壁纸和做旧实木结构来体现的，这两种材料可以作为预算的重点，壁纸多为纸浆壁纸，做旧实木结构则通过实木假梁、实木垭口以及实木门等来体现。

### 3. 软装预算适选范围

美式乡村风格的家具颜色多做仿旧处理，材质上以实木和皮质为主，式样非常厚重，是舒适机能的重点体现。布艺也是装饰的主流，为了切合主体特征，多为棉麻材料。除此之外，为了在统一感中增添一些活泼的氛围，一些带有岁月沧桑的配饰也随处可见。这三类软装可以作为预算重点部分来规划。

## 二、美式乡村风格典型硬装材料预算

**1**

### 美式图案纯纸壁纸

美式乡村风格的壁纸色调整体以绿色、褐色系、蜂蜜色为主，来表现美式风格的朴实性。图案包含了各种具有美式韵味的花鸟、建筑、人物以及拼色条纹等。

预算估价：市场价 200 ~ 600 元 /m²。

**2**

### 拱形造型

在一些没有门的垭口部分，顶部使用地中海样式的拱形，是美式乡村风格非常具有特点的一种硬装造型手法，这种拱形都需要用龙骨来做造型，面层有三种材料，一是石膏板涂刷乳胶漆或涂料；二是木纹饰面板涂刷清漆；还有一种是直接使用实木板。

预算估价：市场价 1500 ~ 3200 元 / 项。

**3**

### 实木护墙板

实木护墙板以木材为基材，在一些面积较大、层高较高的住宅中，用护墙板搭配其他壁纸或文化石装饰墙面，能够凸显美式乡村风格的自然韵味，与欧式护墙板区别较大的是，美式护墙板以直线条块面结构为主，给人的感觉比较敦实。

预算估价：市场价 1000 ~ 2500 元 /m²。

**4**

### 硅藻泥涂料

美式乡村风格的居室内用硅藻泥涂刷墙面，既环保，又能为居室创造出古朴的氛围。常搭配实木造型涂刷在沙发背景墙或电视机背景墙，结合客厅内的做旧家具，形成美式乡村风格的质朴氛围。

预算估价：市场价 80 ~ 210 元 /m²。

**5**

## 红砖墙

红砖粗犷而质朴，与美式乡村风格的理念相符。在居室内的背景墙部分适当使用一些不加粉刷的红砖，搭配实木或壁纸，古朴而又个性。

预算估价：市场价 90 ~ 180 元 /m²。

**6**

## 仿古地砖

仿古地砖是与美式乡村风格最为搭配的材料之一，其本身的凹凸质感及多样化的纹理选择，可使铺设仿古地砖的空间充满质朴和粗犷的味道，且仿古地砖也较容易与美式乡村风格的家具及装饰品搭配。

预算估价：市场价 65 ~ 380 元 /m²。

**7**

## 文化石

在美式乡村风格居室中通常会使用一些自然切割的石材来装饰墙面，而由于居住区域或开采等原因的限制，现代家居中往往无法实现使用天然石材装饰的这种做法，但是可以用体积更轻、花样更多的文化石来代替自然石材以装饰墙面，例如城堡石、鹅卵石等。

预算估价：市场价 78 ~ 210 元 /m²。

**8**

## 壁炉

在寒冷的冬夜一家人围绕着壁炉取暖、交谈是美式家庭的一个重要活动，所以壁炉是美式乡村风格中一个不可缺少的典型元素，美式壁炉与欧式壁炉区别较大，常见的是做旧处理的实木材料或完全用毛石、红砖或文化石砌筑的款式，除此之外，大地色大理石材料的款式也很合适。

预算估价：市场价 1300 ~ 3800 元 / 个。

# 三、美式乡村风格典型家具预算

**1** **宽大厚重的沙发**

美式乡村风格带着浓浓的乡村气息，以享受为最高原则，所以沙发在面料上强调它的舒适度，感觉起来宽松柔软，造型以殖民时期为代表，体积庞大，质地厚重，坐垫也加大，彻底将以前欧洲皇室贵族的极品家具平民化，气派而且实用。

预算估价：市场价 1700 ～ 6900 元 / 张。

**2** **做旧实木椅**

做旧实木是美式乡村风格的一个显著特征，所以无论是休闲椅还是餐椅，边框或整体都较多的使用做旧处理的实木材料，面层搭配皮料或棉麻布料。

预算估价：市场价 180 ～ 1200 元 / 个。

**3** **直线条做旧实木几**

美式乡村风格几类仍然以厚重、宽大为特色，完全使用做旧实木材料、圆柱或梯形粗壮的脚，与宽大厚重的沙发搭配非常协调。

预算估价：市场价 700 ～ 3300 元 / 张。

**4** **棕色系桌、柜**

桌和柜类家具属于体积较大的家具，造型上来讲都具有显著的乡村特征，桌面或柜面偶尔会采用拼花方式制作。材质仍以实木为主，常会涂刷清漆并有做旧的痕迹，而色彩则以棕色系的原木色为主。

预算估价：市场价 1600 ～ 4500 元 / 件。

**5**

### 厚重做旧实木床

实木结构的床通常会搭配高挑的床头，整体较低矮、脚短，四个角配有短的立柱，床头雕刻有美式花纹或做皮质拉扣软包造型，这类深色做旧实木床，是典型的美式乡村风格家具。

预算估价：市场价 3300 ~ 8400 元 / 张。

**TIPS**

### 质地精良的实木家具寿命长可传承

美式乡村风格的家具主要使用可就地取材的松木、枫木，保留木材原始的纹理和质感，还刻意添上仿古的瘢痕和虫蛀的痕迹，创造出一种古朴的质感，展现原始而粗犷的美式风格，在美国有一些做工精良的实木家具甚至会作为传家宝传给下一代，所以如果选择了美式乡村风格来装饰家居，主要的家具可以选择质地精良的类型，而后传给下一代，也是一种投资和节约的方式。

## 四、美式乡村风格典型饰品预算

**1**

### 粗犷的灯具

美式乡村风格的灯具比较粗犷简洁、崇尚自然，外观简洁大方，更注重休闲和舒适感，框架用材多以树脂、铁艺和铜为主，并进行做旧处理，灯罩以玻璃和布罩材质为主。

预算估价：市场价 200 ~ 2100 元 / 盏。

**2**

### 做旧感的油画

以花鸟、风景、美式建筑或人物为主题的画面色彩对比比较低调，具有一些做旧感的油画，与美式乡村风格的内涵相符，搭配更协调。

预算估价：市场价 200 ~ 1100 元 / 组。

**3**

### 铁艺挂钟

做旧的铁艺石英钟的颜色接近古铜色，具有历史悠久的感觉。可以贴紧墙面悬挂，也可以与墙面垂直，探出来悬挂。结合空间内的美式乡村风格，充满古朴质感。

预算估价：市场价 160 ~ 350 元 / 组。

**4**

### 金属或树脂的动物摆件

美式乡村风格的家居中，摆件常用铁艺、做旧铜和树脂材料来呈现。造型上体现乡村风情的自然和自由，以动物样式的款式为主，常见的包括羚羊造型、雄鹰造型、麋鹿造型等，质感方面比较讲究，很少使用光亮的处理方式，粗犷的带有磨砂质感的款式更符合风格特征。

预算估价：市场价 60 ~ 220 元 / 组。

**5**

### 本色棉麻布艺

布艺是美式乡村类风格中非常重要的软装元素，本色的棉麻是主流，布艺的天然感与乡村风格能很好地协调；各种繁复的花卉植物、靓丽的异域风情和鲜活的鸟虫鱼图案都很适合，能够展现出风格中舒适和随意的一面。

预算估价：市场价 75 ~ 280 元 / 组。

**6**

### 爬藤或阔叶绿植

美式乡村类风格中总是少不了绿植的装饰，一些爬藤类、垂钓类以及阔叶类的大型植物，是非常适合用在美式乡村风格家居中的，能够活跃氛围、强化自然气息。可以摆放在做旧感的实木桌面上，也可以准备一些黑色做旧处理的花架，组成一定的造型，丰富空间。

预算估价：市场价 80 ~ 360 元 / 组。

# 美式风格——简约美式

## 一、简约美式风格的典型要素

简约美式风格就是美式乡村风格经过凝练、典型元素提取后加入了大量简约元素的一种美式风格，它不同于美式乡村对住宅大面积、高举架的要求，小户型低矮楼层也可以使用。最突出的特点就是具有简约而大气的气质，整体设计干净、利落而且现代实用，既有美式情怀又能够让人感觉温暖而舒适。

### 1. 风格特点及整体预算

简约美式风格延续了美式乡村风格的一些特点的同时加入了一些变化，例如仍较多的使用木质材料，但不再是厚重的实木，更多使用的是复合板搭配白色喷漆的做法。居室的整体色彩搭配更清新，减少了大地色的使用，加入了白色、蓝色、米色等色彩，无论是建材还是家具花费的资金都会减少很多，装修整体造价通常为 18 万~ 35 万元。

### 2. 硬装材料预算适选范围

简美风格家居中仍会使用一些拱形造型，用来表现美式风格对自由的追求。硬装主体材料从深色做旧实木转变为复合木板搭配混油的形式，墙面不再大面积使用木质造型或壁纸，而是更多加入了乳胶漆来体现简约感，为了彰显简约感，顶面的处理也更简约不再使用木质假梁，或简单跌级或仅用无雕花的顶角线做过渡。

### 3. 软装预算适选范围

作为软装主体的家具宽大的程度有所缩小，仍追求舒适感，在融入了简约特性后，材料的组合方面变化较大，不再以做旧皮料和本色棉麻为主，还增加了麂皮和彩色皮质款式，灯具和小饰品的选择方向扩大到了玻璃和不锈钢材料的款式，所以软装整体比美式乡村风格来说预算可以适当缩减。

## 二、简约美式风格典型硬装材料预算

**1**

**混油拱形造型**

延续了美式乡村风格家居的特征，简美风格中拱形也是很有代表性的造型，底层多用龙骨打底，而后面层使用复合板材，表面涂装白色混油漆是简约美式风格塑造拱形造型的做法，它通常用在垭口或墙面造型的顶部，表现出自由、无拘束的感觉。

预算估价：市场价 500 ～ 2500 元 / 项。

**2**

**亚光乳胶漆**

乳胶漆墙面有种简洁、干净的感觉，在简约美式风格中会大量的使用，通常会搭配壁纸或墙面造型来组合，可选色彩比较丰富，如白色、淡米色、灰色、蓝色等都比较常用，需要注意的是亚光面的款式更符合风格特征。

预算估价：市场价 25 ～ 35 元 /m²。

**3**

**无雕花石膏线**

简约美式风格家居不再仅适合高大、宽敞的居室，中小户型同样适用，在不适合做吊顶的空间内，可以使用无雕花装饰的简洁石膏线，能够让顶面和墙面的转折处有一个过渡，使层次更丰富。除此之外，由石膏板直接切割成宽条的石膏线还可以用在墙面部分做直线造型，搭配壁纸，体现美式特征。

预算估价：市场价 15 ～ 55 元 /m。

**4**

**条纹、格子壁纸**

具有美式特征延续性的是在乡村风格中也会使用很具代表性的花鸟图案的壁纸，但条纹和格子图案的壁纸使用频率更高一些，大多数情况下会选择配色比较柔和的款式，材质不再仅限于纸浆壁纸，扩大到了无纺布等材料。

预算估价：市场价 50 ~ 280 元 / 卷。

**5**

**复合木地板**

减少了仿古地砖的使用比例，更多的是在地面整体铺设复合木地板，深棕色系的款式略显厚重，使用比较少，多以中调色或浅色为主。

预算估价：市场价 85 ~ 280 元 /m²。

**6**

**简约造型壁炉**

壁炉是美式风格的代表元素之一，简约美式风格壁炉在造型上比美式乡村风格的更简约一些，厚度有所减小，色彩多为浅色，如白色、象牙白、米色、蜂蜜色等；与乡村风格相比，这里的壁炉更多起到的是一种纯粹的装饰和烘托氛围的作用，而非取暖作用的实用性壁炉，设计上局限较小。

预算估价：市场价 800 ~ 2200 元 / 项。

**墙裙**

墙裙比护墙板包裹墙面的面积大幅度减少，只有不到一半的高度，可以使用石膏板制作，但更多的是使用定制或混油手法制作，色彩多以白色为主，既能表现出美式特征又不会显得过于厚重，符合简约的理念。

预算估价：市场价 350 ~ 1200 元 /m²。

## 三、简约美式风格典型家具预算

**舒适的沙发**

**1**

简美风格的沙发追求使用的舒适性，造型简化不再使用雕花。选材上或在框架部分使用实木或完全不使用实木，坐垫及靠背仍以皮料或布艺为主，但色彩范围扩大，除了做旧的棕色系外，非做旧感的蓝色、黄色、米色甚至是动感拼色也常使用。

预算估价：市场价 1500 ~ 5900 元 / 张。

**直线造型实木几**

**2**

常用的几类仍然是实木的款式，但外形更简洁，多以直线为主。另外除了棕色等实木本色外还增加了白色与白色和木色拼色的款式。

预算估价：市场价 1100 ~ 2800 元 / 张。

**美式元素金属几**

**3**

带有美式造型符号的金属框架几类家具，与具有舒适感的皮质或布艺沙发组合，能够表现出简美风格家居的多元性，可以增添现代感和时尚感。

预算估价：市场价 1200 ~ 5100 元 / 张。

**彩色漆实木或金属腿桌**

**4**

除了造型简洁一些的实木桌外，简美风格住宅中还经常使用以直线条为主的、彩色油漆的木桌或具有低调奢华感的金属腿桌。

预算估价：市场价 900 ~ 6100 元 / 件。

**5**

### 实木框架软包床

具有代表性的简美风格床框架部分是木本色或白色实木材料的，直线或大弧度曲线，不带雕花设计。床头部分会使用皮质或布艺软包，并减少了拉扣的使用比例。

预算估价：市场价 2000 ～ 3500 元 / 张。

---

**TIPS**

### 选择少造型的家具节约资金

简美风格的家具虽然造型比美式乡村风格的更简洁但做工却并不马虎，非常注重细节的设计，而决定家具价格的因素主要包括材料和做工，如果预算不是很宽松，可以选购一些具有简美特征但造型部分或材料组合的细节设计比较少的款式，例如以直线为主、少弧度或无材料拼接的款式，价格就会低很多。

# 四、简约美式风格典型饰品预算

**1**

### 亮面金属玻璃罩灯具

简美风格灯具除了延续具有美式乡村风格特征的简约黑色铁艺灯具外，更多使用的是金色亮面金属框架的、玻璃灯罩的灯具，与家具形成碰撞，体现融合性。

预算估价：市场价 180 ～ 1700 元 / 盏。

**2**

### 清新色的装饰画

乡村风格中做旧感的装饰画现已很少使用，简美风格的装饰画配色更清新，或为黑白摄影画或以低彩度的彩色为主。除了花草、建筑等美式代表性元素的画作外，抽象作品也可以使用。

预算估价：市场价 68 ～ 550 元 / 组。

**3** **动感线条织物**

与整体风格特征呼应的是织物很少再使用本色的棉麻，更多的使用一些现代感的动感图案，例如色块拼接、折线条纹、米字旗等。

预算估价：市场价 160 ~ 350 元 / 组。

**4** **亮面金属摆件**

简美风格的摆件分为两大类型，一类是复古风，与乡村风格具有很多类似之处，另一类是比较现代和低调奢华的带有亮面金属设计的款式，金属与灯具相同，多为金色。

预算估价：市场价 120 ~ 450 元 / 组。

**5** **小体积、少色彩的花艺**

美式风格属于西方风格，与西方风格的花艺搭配比较协调，为了凸显简美风格的特征，可以对西方花艺进行一些改良，花束的体积适合小一些，过于繁复的花材组合与带有简洁感的简美风格韵味不符，花材的色彩也不宜过于太多，2 ~ 4 种为最佳。

预算估价：市场价 30 ~ 420 元 / 组。

**6** **大型阔叶植物**

配合小体积花艺的是大型的阔叶植物，来表现自然、舒适的氛围；摆放位置以电视、沙发或座椅旁比较空当的地方为主，为了与整体装饰搭配更协调；花器建议选择白色或接近白色的浅色，更具简美的风格特征。

预算估价：市场价 80 ~ 360 元 / 组。

# 田园风格

## 一、田园风格的典型要素

田园风格形成于 20 世纪中期，在这之前室内装饰都比较繁复、奢华，所以清新、自然的田园风格应运而生，表现的是人们贴近自然、向往自然的追求。注重的是表现悠闲、舒畅、自然的生活情趣，会运用到大量的原木材质和带有田园气息的壁纸，同时花艺和绿植也是不可缺少的。

### 1. 风格特点及整体预算

田园风格以表现贴近自然、展现朴实生活的气息为主，特点是朴实，亲切，实在。广义的来说，田园风格包括很多种，例如欧式田园、法式田园、英式田园、中式田园、韩式田园、美式乡村等，它并不专指某一特定时期或区域，虽然不同发源地让它们略有不同，但总体意境是相同的。在装饰方面其显著特点是自然元素的使用，所以预算重点放在这方面既可以装饰出风格特点又可以节约资金，田园居室的装修整体造价通常为 18 万 ~ 28 万元。

### 2. 硬装材料预算适选范围

提起田园风格，人们印象最深刻的就是碎花和格子，它们不仅通过布艺来呈现，也会使用在壁纸上。除此之外，一些原木的运用也是田园风格的一个特征，将资金的重点部分放在这些方面更容易塑造出田园风格的精髓。

### 3. 软装预算适选范围

田园风格家具有两种类型，一是以白色、奶白色、象牙色的实木为框架，搭配纤维板或布艺；一种是完全的布艺款式，都具有优雅、清新的韵味；小件软装具有代表性的是自然材料的类型，这两类可以作为预算的重点。

## 二、田园风格典型硬装材料预算

**1**

**砖墙**

田园风格与砖墙搭配是非常协调的,具有质朴的感觉,常用的有红砖和涂刷白色涂料的白砖，前者很少大量使用，会少量用在背景墙部分，后者既可搭配墙裙等设计组合使用也可以整面墙式的使用。

预算估价：市场价 90 ~ 180 元 /m²。

**2**

**仿古砖**

仿古砖是田园风格地面材料的首选，粗糙的感觉让人能够感受到它朴实无华的内在，非常耐看，能够塑造出一种淡淡的清新之感。

预算估价：市场价 65 ~ 380 元 /m²。

**3**

**百叶门窗**

带有百叶的门和窗很适合田园家居，通常是选择白色的款式，有时也会使用原木色，顶部可以是平直的也可做成拱形，除了作为门窗使用外还可以组合几个作为隔断。

预算估价：市场价 700 ~ 850 元 / 扇。

## 碎花、格纹壁纸壁布

**4**

具有田园代表性元素的各种碎花、格纹壁纸和壁布是田园家居中最为常用的壁面材料，其中碎花图案的款式通常是浅色或白色底。花朵图案为主的款式，花朵的尺寸相对比较大时，可以选择带有凹凸感的材质，表现花朵的立体感，强化风格的自然特征。

预算估价：市场价 190 ~ 320 元 / 卷。

## 乳胶漆

**5**

田园家居中，乳胶漆会使用一些彩色，例如草绿色、米黄色、淡黄色、水粉色等，来表现田园风格的惬意感。

预算估价：市场价 25 ~ 35 元 /m²。

## 纹理涂料

**6**

纹理涂料具有未经加工的粗犷感，同时非常环保，能够表现出田园风格自然、淳朴的一面，可选择性很多，例如硅藻泥、造型涂料、灰泥涂料和仿岩涂料等。

预算估价：市场价 20 ~ 430 元 /m²。

## 墙裙

**7**

田园风格中的实木墙裙以白色木质为主，除了实木的做法外，还可以在墙裙上沿的位置使用腰线，上部分刷乳胶漆或涂料，下部分粘贴壁纸来做造型。

预算估价：市场价 150 ~ 1200 元 /m²。

# 三、田园风格典型家具预算

**1**

### 碎花、格纹布艺沙发

田园风格的沙发以布艺款式为主，在图案上可以选用小碎花、小方格、条纹一类的图案，色彩上粉嫩、清新，来表现大自然的舒适和宁静。

预算估价：市场价 1000 ～ 3200 元 / 张。

**2**

### 象牙白实木框架家具

象牙白、奶白色的家具常出现在英式田园和韩式田园中，使用高档的桦木、楸木等做框架，配以优雅的造型和细致的线条，每一件都含蓄温婉、内敛而不张扬。

预算估价：市场价 1800 ～ 5600 元 / 套。

**3**

### 洗白处理家具

洗白处理使家具流露出古典家具的隽永质感，能够彰显出法式田园的高雅感，配以黄色、红色、蓝色等色彩，塑造出丰沃、富足的大地景象，腿部使用卷曲弧线及精美的纹饰，是优雅生活的体现。

预算估价：市场价 8600 ～ 21000 元 / 套。

**4**

### 藤、竹家具

藤、竹等材料属于自然类材料，用其制作的几、椅、储物柜等都非常简朴，具有浓郁的田园风情。

预算估价：市场价 230 ～ 560 元 / 件。

**5**

### 实木高背、四柱床

在田园风格中，床以实木材质为主，主要有彩色油漆和实木本色两类，前者出现的比较多，例如常见的白色、绿色实木床，造型上比较有代表性的是高背床和四柱床，床柱很少使用直线，都会搭配一些圆球、圆柱等造型。

预算估价：市场价 1100 ~ 3500 元 / 张。

**TIPS**

### 掌握风格要素，搭配家具

田园风格虽然包括很多分类，但硬装上来讲区别不是很大，如果想要节约资金就可以稍作造型用壁纸搭配乳胶漆或涂料。重点部分用软装来塑造，选择一种喜欢的田园风格，而后主要家具和大型布艺选择典型的款式，小件家具和软装可以随意一些，选择价格略低但具有田园韵味的，就又可以节约一些资金。

## 四、田园风格典型饰品预算

**1**

### 田园元素灯具

田园风格的灯具主体部分多使用铁艺、铜和树脂等，造型上会大量的使用田园元素，例如各种花、草、树、木的形态；灯罩多采用碎花、条纹等布艺灯罩，多伴随着吊穗、蝴蝶结、蕾丝等装饰。除此之外，还会使用带有暗纹的玻璃灯罩。

预算估价：市场价 560 ~ 2300 元 / 盏。

**2**

### 自然题材装饰画

田园风格的装饰画题材以自然风景、植物花草、动物等自然元素为主。画面色彩多平和、舒适，由于取自于自然界，且会经过调和降低刺激感再使用，所以即使是对比色也会非常舒适，例如淡粉色和深绿色的组合。

预算估价：市场价 99 ~ 520 元 / 组。

**3**

### 自然色及图案织物

无论是哪一种田园风格，都可以使用具有共同特点的织物，即由自然配色和图案构成主体的款式，材质以棉麻为主，偶尔会使用白色蕾丝；造型以简约为主，窗帘会带有帘头但不会太繁复。

预算估价：市场价 210 ~ 860 元 / 组。

**4**

### 花草或动物元素摆件

田园风格所使用的工艺品具有浓郁的田园特点，造型或图案为花草、动物等自然元素。材质非常多样化，除了实木外，树脂、藤、铁艺、草编等均适合。树脂类以白色或浅色为主，其他类别材料则多为本色。

预算估价：市场价 78 ~ 320 元 / 组。

**5**

### 柔和风的花艺

田园风格与具有柔和感的花艺搭配比较协调，例如薰衣草、满天星、玫瑰等，同时还可将一些干燥的花瓣和香料穿插在透明玻璃花器甚至是陶罐中，除此之外，将干花放在藤制花篮中也是很常见的做法，无论哪种摆放方式，需注意的是花艺的色彩不宜过于喧闹，宜让人感觉舒适，体积可以小一些。

预算估价：市场价 28 ~ 210 元 / 组。

### 绿植

自然界中最不可缺少的就是各种绿植，理所当然的各种或大或小的绿植能够强化家居中的田园气氛，是不可缺少的装饰，尺寸没有限制，不论多大都可以。可以在空余较大的地方摆放大型绿植，台面、书柜等位置摆放小型盆栽或垂钓植物，层次可丰富一些。

预算估价：市场价 35 ~ 430 元 / 组。

# 地中海风格

## 一、地中海风格的典型要素

地中海风格于 9 世纪至 11 世纪时开始兴起，它是海洋风格装修的典型代表。物产丰饶、长海岸线、建筑风格的多样化、日照强烈、独特的风土人文，这些因素决定了地中海风格极具亲切的田园风情，同时具有自由奔放、色彩丰富明媚的特点，使用海洋元素进行家居设计是其区别于其他风格的典型要素。

### 1. 风格特点及整体预算

地中海沿岸的建筑多通过连续的拱门、马蹄形窗等来体现空间的通透，用栈桥状露台和开放式房间功能分区体现开放性，通过这一系列的建筑装饰语言来表达地中海装修风格的自由精神内涵。因此，在地中海风格的家居中，无论是硬装还是家具，圆润弧度的造型是最为常用的，可以作为预算重点，装修整体造价通常为 15 万～ 22 万元。

## 2. 硬装材料预算适选范围

地中海沿岸的建筑给人一种非常自由、惬意的感觉，外表常使用白色或彩色的粗颗粒涂料来涂刷，是非常让人印象深刻的，所以地中海风格装修也延续了这种做法。另外，为了表现自然感，一半选用自然的原木、天然的石材等，再用马赛克、小石子、瓷砖、玻璃珠和贝壳类做点缀。

## 3. 软装预算适选范围

家具线条简单、造型圆润，并带有一些弧度，材料上以天然的布料、实木和藤等为主；小装饰则以海洋元素造型为主，包括灯塔、船、船矛、船舵、鱼、海星等，选择带有这些特点的软装能够迅速打造出具有浓郁地中海风格的空间。

# 二、地中海风格典型硬装材料预算

**1**

**白色灰泥墙面**

白灰泥墙在地中海装修风格中也是比较重要的装饰材质，不仅因为其白色的纯度色彩与地中海的气质相符，也因其自身所具备的凹凸不平的质感，令居室呈现出地中海风格建筑所独有的韵味。

预算估价：市场价 150 ~ 180 元 /m²。

**2**

**蓝、白为主的马赛克**

马赛克是地中海家居中非常重要的一种装饰材料，通常是以蓝色和白色为主的，两色相拼或加入其他色彩相拼，常用的有玻璃、陶瓷和贝壳材质。使用时，除了厨卫空间外，也可以用在客厅、餐厅等空间的背景墙和地面上。

预算估价：市场价 300 ~ 420 元 /m²。

**3**

**海洋元素壁纸**

典型的地中海风格壁纸会带有一些海洋元素图案，图案尺寸不会特别大，有时还会与条纹组合起来使用，色彩都比较淡雅、清新。

预算估价：市场价 65 ~ 320 元 / 卷。

**4**

### 仿古地砖

具有做旧效果的仿古地砖非常适合自然类风格，在地中海风格家居中同样常见，且极具特色的是，仿古砖的使用非常具有创意性，地面上除了平行铺设还经常做斜向铺设；除了用在地面上外，也经常用在餐厅、卫浴等空间的背景墙部分，搭配一些花砖做组合，表现风格淳朴、自然的一面。

预算估价：市场价 65 ~ 380 元 /m²。

**5**

### 文化石

自然感的石材由于环保性或所在地域原因有使用上的限制，所以在地中海海域的家居中经常需要的毛石等天然石材，通常会用文化石来代替。

预算估价：市场价 108 ~ 210 元 /m²。

### 圆润拱形造型

装饰设计上会把其他风格中所用的拱形都称为地中海拱形，可见拱形是地中海风格的绝对代表性元素，圆润的拱形不仅用在垭口部位，还会用在墙面、门窗等顶部位置，有时甚至会使用连续的拱形。

预算估价：市场价 200 ~ 3200 元 / 项。

### 白漆或蓝漆实木

实木材料通常会被涂刷上白色或蓝色的混油漆，被用在客厅餐厅的顶面、墙面等地方，以烘托地中海风格的自然气息。

预算估价：市场价 210 ~ 1200 元 /m²。

# 三、地中海风格典型家具预算

**1**

### 蓝白条纹布艺沙发

布艺沙发是地中海风格中很具有代表性的家具，最典型的是蓝白条纹的棉麻材料款式，有时还会搭配一些格纹或碎花图案，表现地中海风格中田园的气息。

预算估价：市场价 800 ~ 4100 元 / 张。

**2**

### 圆润造型木制家具

与硬装部分的拱形组合起来非常协调的是线条简单、造型圆润的木质家具，沙发会将木质用在框架部分，桌椅等通常会完全使用实木材质，木本色或涂刷白色、蓝色油漆。

预算估价：市场价 1200 ~ 4800 元 / 件。

**3**

### 船型家具

船型家具是地中海风格家居中独有的，具有浓郁的海洋气息，常出现的有船型储物柜、船型儿童床等，多为实木材料。

预算估价：市场价 180 ~ 5200 元 / 件。

**4**

### 做旧本色木家具

除了蓝白组合的家具外，线条比较简单的、带有做旧感的实木本色家具也是地中海风格中比较有代表性的一类，能够表现出风格中亲切、淳朴的一面。

预算估价：市场价 800 ~ 5200 元 / 件。

**5**

### 彩绘实木家具

在实木家具的表面涂刷了混油漆后,用手绘的方式为其增加一些田园元素的图案,例如各种花朵、植物或花鸟,来表现地中海风格中的田园气息和惬意感。

预算估价:市场价 1100 ~ 3800 元 / 件。

## 四、地中海风格典型饰品预算

**1**

### 蒂梵尼灯具

蒂梵尼灯具主材是彩色玻璃,按设计图稿手工切割成所需形状,然后将一片一片的玻璃研磨后用铜箔包边,再用锡按图案将玻璃焊接起来形成手工制作的产品,它丰富的色彩和地中海风格奔放、纯美的特点非常相符。

预算估价:市场价 100 ~ 1600 元 / 盏。

**2**

### 吊扇灯

地中海吊扇灯是灯和吊扇的完美结合,既具灯的装饰性,又具风扇的实用性,可以将古典美和现代美完美体现。常用在餐厅,与餐桌及座椅搭配使用,装饰效果十分出众。

预算估价:市场价 1200 ~ 1500 元 / 盏。

**3**

### 铁艺摆件

无论是铁艺烛台、钟表、相框、挂件还是铁艺花器等,都可以称为地中海风格家居中独特的风格装饰品,摆放在木制的地中海家具上,能够丰富整体装饰的层次感。

预算估价:市场价 120 ~ 360 元 / 组。

### 海洋元素造型饰品

海洋元素造型的饰品是地中海风格独有的代表性装饰，能够塑造出浓郁的海洋风情，常用的有帆船模型、救生圈、水手结、贝壳工艺品、木雕刷漆的海鸟和鱼类等。

预算估价：市场价 50 ~ 280 元 / 组。

### 海洋风织物

与地中海风格布艺沙发相同的是，布艺织物同样以天然棉麻材料为主，或纯色，或条纹格纹，还有可能是带有海洋元素印花的款式。

预算估价：市场价 85 ~ 480 元 / 组。

### 爬藤类绿植

绿植是地中海风格家居中不可缺少的元素之一，一些或小巧可爱或大型的盆栽能够让空间显得绿意盎然，犹如回到了大自然之中。比较具有代表性的能够表现出地中海风格特点的是爬藤类的绿植，还可以用垂吊类来代替。

预算估价：市场价 35 ~ 180 元 / 盆。

### 回归海洋、自由大胆的搭配可简单再现地中海神韵

地中海风格的基础是明亮、大胆、色彩丰富、简单、民族性、有明显特色，重现地中海风格不需要太大的技巧，只需秉持简单的意念，捕捉光线、取材大自然，大胆而自由的运用色彩、样式就可以完成。墙面选择一到两种典型材料搭配拱形就可以塑造出基调，而后再选择一套典型家具搭配一些绿植来强化风格特点即可，总体花费无须过多，只要典型就可以。

# 东南亚风格

## 一、东南亚风格的典型要素

东南亚装修风格是雨林元素的代表风格，它在发展中不断地吸收西方和东方一些风格的特色，发展出了极具热带原始岛屿风情的独特风格。其色彩兼容了厚重和鲜艳、崇尚纯手工，自然温馨中又不失华丽热情，通过硬装的细节和软装来演绎充满原始感的热带风情。

### 1. 风格特点及整体预算

东南亚风格家居崇尚自然，木材、藤、竹、椰壳板等材质是装修的首选，不论是硬装还是软装都能够用到以上材料。除此之外，为了彰显雨林环境的斑斓，色彩艳丽的布艺也是不可缺少的，可以将预算重点放在这两部分上，装修整体造价通常为 25 万 ~ 85 万元。

### 2. 硬装材料预算适选范围

木质材料是东南亚风格家居中硬装方面不可缺少的一种材料，经常用壁纸、颗粒感的涂料、天然感的粗糙石材、椰壳板等与其组合搭配。地面用木地板和仿古地砖来强调风格中淳朴、天然的一面。总的来说，东南亚家居中硬装方面具有特点的材料是自然类的或具有质朴感的材料。

### 3. 软装预算适选范围

典型软装可以分为两个大部分，一类是家具，色彩以慎重色系的木本色为主，材料有纯实木、实木框架、实木与藤等编织材料组合三种形式；另一类是布艺，特别是靠枕等小布艺，色彩多为艳丽的彩色，与实木家具搭配来冲破木质的沉闷感，材料以在不同光线下具有变换感的泰丝为主。

## 二、东南亚风格典型硬装材料预算

**1**

### 深色木质材料

深色的木质材料包括实木和饰面板，通常用在顶面、墙面、隔断和门上，最具特点的是顶部的运用，利用较高的层高，在吊顶中按一定规律排列木质材料，搭配白色乳胶漆、棉麻质感的布艺或编织壁纸，使吊顶看起来极具东南亚地域的自然气息。

预算估价：市场价 65 ~ 320 元 /m²。

**2**

### 粗糙感的石材

在东南亚风格家居中，大理石也是会用到的，但比例较少，更多的是使用一些未经抛光的保留了表面粗糙感的石材，用雕刻或马赛克的形式来呈现，例如洞石马赛克。

预算估价：市场价 50 ~ 260 元 /m²。

**3**

### 丛林元素壁纸

丛林元素的壁纸是最具代表性的，包括一些阔叶类棕榈植物、芭蕉叶、大象、孔雀等动植物或整幅的丛林画面的图案，能够展现出东南亚风格的雨林特点。

预算估价：市场价 30 ~ 230 元 / 卷。

**4**

### 颗粒感的硅藻泥

比起较光滑的乳胶漆来说，具有颗粒感的硅藻泥更适合东南亚风格家居。硅藻泥本身的凹凸纹理所带来的古朴质感与东南亚风格恰好相符，如果选择米色还可为空间增添温馨的感觉，柔化深色实木造型带来的压抑感。

预算估价：市场价 170 ~ 550 元 /m²。

# 三、东南亚风格典型家具预算

**1**

### 泰式木雕沙发

柚木是制成木雕沙发最为合适的上好原料，也是最符合东南亚风格特点的木材。雕花通常是存在于沙发腿部立板和靠背板处，整体具有一种低调的奢华，典雅古朴，极具异域风情。

预算估价：市场价 2000 ~ 8200 元 / 件。

**2**

### 藤编织家具

藤编家具通常是采用两种以上材料混合编织而成的，藤条与木片、藤条与竹条等手工操作，材料之间的宽、窄、深、浅，形成有趣的对比，独具东南亚特色。

预算估价：市场价 500 ~ 3200 元 / 件。

**3**

### 民族元素雕花桌、柜

东南亚风格的雕花桌、柜，雕法有别于西式雕法，或为大刀阔斧的雕刻大叶片植物、动物，或为非常密集的雕刻细小卷叶纹图案，非常具有特点。

预算估价：市场价 400 ~ 3800 元 / 件。

**4**

### 彩绘桌、柜

东南亚风格融合了东方和西方风格的一些特征，其中桌柜的设计就非常具有代表性，例如在一些做完雕花装饰的实木桌、柜上，同时搭配做旧镀金、彩绘等工艺，表现出一种兼容了淳朴和绚丽的矛盾美感。

预算估价：市场价 600 ~ 4200 元 / 件。

**5** 实木四柱床

东南亚风格融合了东方中式的一些元素，所以最具典型的床多为四柱床且不是独立的柱式，其顶部的立柱会连接成一个框架，使用时会搭配一些白色或彩色的窗幔来烘托气氛。

预算估价：市场价 2700 ~ 6000 元 / 件。

**TIPS**

**硬装减少木料的使用，用家具塑造风格来节约资金**

如果想要在塑造东南亚风格家居的时候节约资金，那么可以从硬装方面来节约，减少木质材料特别是实木材料的使用，例如不要满铺木料，而是做成木格子的形状，中间搭配壁纸、硅藻泥等材料来奠定基调，而后用一些典型的家具来进一步烘托风格的特征，例如木雕家具、椰壳画等。

# 四、东南亚风格典型饰品预算

天然材料手工灯具

东南亚风格的灯具大多就地取材，贝壳、椰壳、藤、枯树干等都是制作灯具的材料。灯具造型具有明显的地域民族特征，如铜质的莲蓬灯、手工敲制出来的具有粗糙肌理的铜片吊灯、大象等动物造型的台灯等。

预算估价：市场价 100 ~ 1600 元 / 盏。

自然色调棉麻窗帘

窗帘一般以自然色调为主，完全饱和的酒红、墨绿、土褐色最为常见。造型多反应民族的信仰，棉麻等自然材质为主的窗帘款式往往显得粗犷自然，还具有舒适的手感和良好的透气性。

预算估价：市场价 66 ~ 380 元 /m。

**3**

## 泰丝抱枕

泰丝质地轻柔，色彩绚丽，富有特别的光泽，在不同角度下会变换色彩，图案也非常多样，极具特色，是色彩厚重的天然材料家具的最佳搭档。

预算估价：市场价 80 ～ 680 元 / 组。

**4**

## 纱幔

纱幔轻柔、妩媚且飘逸，是东南亚风格家居中不可缺少的一种软装饰。它最常用在四柱床上，除此之外，可以铺设在茶几、床铺上，甚至还可以作为软隔断使用，为居室增加情调。

预算估价：市场价 150 ～ 500 元 / 组。

**5**

## 宗教、神话题材饰品

东南亚的国家信奉神佛，所以饰品形状和图案多与宗教、神话相关，芭蕉叶、大象、菩提树、佛头、佛手等是饰品的主要图案。除此之外，还会使用一些造型奇特的神、佛等金属类饰品。

预算估价：市场价 85 ～ 480 元 / 组。

**6**

## 木雕饰品

东南亚风格木雕的木材和原材料包括柚木、红木、桫椤木和藤条。大象木雕、雕像和木雕餐具都是很受欢迎的室内装饰品，摆放在空间内可增添东南亚风格的文化内涵。

预算估价：市场价 330 ～ 550 元 / 组。

# 第三章
▼
## 不同家居空间预算的差别

　　根据功能性的不同家居中的主要空间通常包括客厅、餐厅、卧室、书房、厨房和卫浴。在进行预算分配时，如果资金有限，那么客厅和餐厅等公共区可以在硬装和软装上都作为重点，而其他空间可注重舒适性，将重点放在软装上。在同一个空间中，顶面造型的不同、墙面及地面材质的不同也会影响整体预算额度，了解这些预算的差别可以更好地掌控预算。本章我们来学习不同家居空间的装修预算及其影响因素，以便更合理地掌控预算。

1. 了解不同家居空间中的省钱原则。

2. 了解不同家居空间中不同形式吊顶的预算差别。

3. 了解不同家居空间中不同材料背景墙的预算差别。

4. 了解不同家居空间中不同材料地面的预算差别。

# 客厅——家居中的主要活动区域

　　客厅是家居中主要的活动、交谈区域，除了关系非常亲密的朋友会去到卧室、书房等区域外，大部分的客人对于一个家庭的印象主要来源于客厅，它的装饰能够体现出主人的品位、文化修养和年龄等特点，建议将其作为家居中的装饰重点。硬装方面总体分为顶面、墙面和地面三个大的块面，不同的造型和材质的选择是影响预算的主要因素，可以结合所选风格的特征以及自己的资金情况，选择适合的设计。

## 一、客厅预算的省钱原则

　　作为家居中的"脸面"，在客厅的装饰设计上，即使要省钱也不能粗制滥造，而是要在节约了资金的同时装修出档次和品位，需要花费一些心思。

### 小户型设计从实用角度出发

　　〇如果居所的面积不大且不希望花费太多资金，在进行客厅设计时可以从实用角度出发，选择简洁一些的风格，并将电视墙作为设计重点，使硬装有一个中心点，顶面少做或不做造型，用更多的资金选择舒适的家具。

## 大户型设计将钱用在"刀刃上"

○当居所的面积比较大的时候，装饰客厅花费的资金就会比较多，可以将预算的重点放在能够代表所选风格典型装饰部分上，例如欧式风格将典型造型和材料用在电视墙或沙发墙上，其他墙面不做造型，而后再搭配一些典型家具，就可以节约部分资金。

## 购物时多做比较

○选择的风格比较古典时，无论是材料还是家具价格都比较高一些，有了心仪的款式时，不要急于购买，问清楚材料、做工等详细情况，而后再找寻类似的款式，货比三家，在相同等级的情况下，如果有做活动或者可以团购的商家，就可以节约不少资金。

# 二、客厅不同造型顶面的预算差别

**1 平顶**

平顶是不做任何吊顶造型，在原建筑顶面上涂刷乳胶漆或涂料的一种设计方式，非常适合房高低或面积小的客厅。

预算估价：市场价 25 ~ 35 元 /m²。

**2 整体式吊顶**

用石膏板距离原顶面一定高度的地方做整体式的平顶，通常两边或四边会留有一定的距离，搭配暗藏灯槽设计出具有延伸感的灯光效果，具有简洁、大方、利落的效果，适合中等面积有一定高度的客厅。

预算估价：市场价 95 ~ 110 元 /m²。

**3**

### 藻井式吊顶

最早这种吊顶的产生是因为室内有"井"字形的梁，为了弱化梁的压抑感而设计的吊顶形式。现在在一些没有梁但高度足够的居室内，为了表现风格特点，也会做一些井字形的假梁，搭配装饰线塑造出一个丰富的顶面造型，如欧式、美式乡村、田园、东南亚等风格的家居。

预算估价：市场价 155 ~ 210 元 /m$^2$。

**4**

### 局部吊顶

在墙面重点位置的上方做一些宽度比较窄的局部性吊顶，反而可以通过高度差在视觉上拉伸原房间的高度，很适合面积中等但较低矮的客厅，这样的吊顶造型无须过于复杂，简洁、大方最佳。

预算估价：市场价 75 ~ 110 元 /m$^2$。

**5**

### 跌级式吊顶

跌级吊顶是最为复杂的一种吊顶形式，它可能不止一个层次，边缘还可以搭配一些雕花石膏线做装饰，适合面积大、高度高的客厅。在设计这种吊顶时需要搭配各种灯具一起使用才能塑造出华丽的感觉，如镶嵌吸顶灯、悬挂吊顶，或是在边缘安装筒灯或是射灯等。

预算估价：市场价 125 ~ 165 元 /m$^2$。

**6**

### 悬吊式吊顶

悬吊式吊顶就是将各种吊顶板材，例如木质板材、金属板材或是玻璃等，距离原顶面一定距离悬吊固定。其造型多变、富于动感，比较适合一些大户型或是别墅的客厅装修，大气又新颖，让人眼前一亮。

预算估价：市场价 125 ~ 145 元 /m$^2$。

## 三、客厅不同造型背景墙的预算差别

**1**

**墙纸、墙布**

墙纸和墙布花样繁多、施工简单、更换容易，随着工艺的进步，它们的性能越来越强，环保且遮盖力强，不仅有花纹的款式还有整幅画面的款式。用在客厅背景墙上可以起到非常好的装饰效果，尤其适合经济型的装修。

预算估价：市场价 35 ~ 520 元 /m²。

**2**

**文化石**

文化石是仿造各式原石的样式而生产的，所以称为"文化石"。它的造型非常多样，且非常逼真，远看有乱石堆砌的效果，是天然原石的最佳替代材料，能够塑造出具有粗犷感的效果，很适合自然类装饰风格。

预算估价：市场价 108 ~ 350 元 /m²。

**3**

**玻璃、金属材料**

现代人追求个性和时尚，所以使用既时尚又具有简洁感的材料设计电视墙是非常流行的一种做法。例如用各种玻璃组合金属等，既美观大方，又防潮、防霉、耐热，还可擦洗、易于清洁和打理。

预算估价：市场价 180 ~ 320 元 /m²。

**4**

**木纹饰面板**

木纹饰面板是实木材料的最佳替代品，它的底层是人造板，面层是木贴皮，有原生木皮也有人造木皮，款式非常多样，不仅适合古典的风格，也有适合现代和简约风格的色彩，是制造背景墙非常好的材料。

预算估价：市场价 66 ~ 165 元 /m²。

**5**

**石膏板造型**

石膏板的可塑性非常高，且价格较低，可以直接粘贴在墙面做造型，也可以搭配基层板材做立体造型，表面可涂刷彩色乳胶漆、涂料，还可搭配各种线条做几何造型，简洁而又丰富，适合各种风格的家居。

预算估价：市场价 85 ~ 195 元 /m$^2$。

**6**

**大理石**

大理石的种类很多，其纹理和色泽浑然天成，具有低调的华丽感，但大面积的使用容易让人感觉冷硬，所以非常适合小范围的用在背景墙来体现居住者的品位。

预算估价：市场价 200 ~ 550 元 /m$^2$。

## 四、客厅不同材料地面的预算差别

**1**

**大理石拼花**

大理石拼花适合面积较大的客厅，可以提升整体的装修档次。有两种设计方式，一种是设计在客厅的正中心位置，拼花的面积与沙发摆放所占的面积大致相等，比较华丽；另一种是将浅色大板斜向粘贴，深色理石切割成小的菱形，放在浅色大板的角部，比较活泼。

预算估价：市场价 180 ~ 680 元 /m$^2$。

**2**

**仿古地砖**

仿古地砖是特意烧成仿古的感觉以彰显其淳朴感，其凹凸质感与纹理使地面充满了变化，增添客厅地面的设计元素。适合美式乡村、田园风格等装修风格，用在客厅时，可选择斜贴的铺贴形式。

预算估价：市场价 65 ~ 380 元 /m$^2$。

### 3 实木地板

实木地板材料为各种实木材料，其触感温润，纹理具有无可比拟的天然变化，朴素而温馨，能够为家居增添温暖的氛围。但其价格较高，打理相对较难，且对空间的湿度要求较高，所以使用的局限性较大，仅适合湿度比较均衡的地区，采用高档装修的家庭。

预算估价：市场价 260 ~ 1500 元 /$m^2$。

### 4 复合地板

复合地板具有多样化的纹理，适用于各种风格的客厅，比起实木地板来说，它更易于打理，适合任何地区使用。色彩可结合客厅的面积来选择，除了非常宽敞的空间外，建议以浅色系款式为主。

预算估价：市场价 85 ~ 280 元 /$m^2$。

### 5 拼接地面

拼接地面通常会跨越客厅的界限包括到过道或餐厅部分，通常来说是用不同款式的地砖或地砖与地板进行花式拼接，具有非常丰富的层次感和个性，其工费比较高。适合面积大且墙面色彩比较少的家居，否则容易显得混乱。

预算估价：市场价 180 ~ 680 元 /$m^2$。

### 6 玻化砖

玻化砖就是瓷质抛光砖，它被称为"地砖之王"，吸水率低、硬度高、不易有划痕，可以仿制各种石材的纹理，其光亮的质感具有高反光的效果，效果简洁而大气，非常适合用在客厅中。

预算估价：市场价 100 ~ 450 元 /$m^2$。

# 餐厅——一切以功能性为设计出发点

现在大部分的户型中餐厅都是呈开敞式布局的，它与客厅同属于公共空间，用于进餐和交流，面积通常要比客厅小一些。在进行餐厅的设计时，建议从它的功能性出发，一切布置应以保证人们用餐时的愉快心情为前提，而后再去考虑装饰性等问题，不能脱离其功能性而随意设计，例如墙面大面积的涂刷成黑色或弄得大花大绿，会使人感觉非常压抑或浮躁而影响人们进餐的心情。

## 一、餐厅预算的省钱原则

餐厅减少预算的主要方式是减少顶面复杂的造型，墙面使用一些施工简单的材料，搭配做工简洁一些的家具和装饰画等去美化空间。

### 减少顶面的复杂程度

○影响顶面造价的因素有两个方面，一个是材料的类型、另一个是造型的复杂程度，而在相同材料的情况下，造型越复杂，所使用的材料数量就越多、人工费也越贵，整体价格也就越高。除了一些追求奢华感的别墅外，一些平层的家居空间内，餐厅的面积都比较小，建议使用以直线条为主的、整体比较简洁的吊顶形式，给人的感觉会比较舒适，同时还能减少资金的投入。

### 选择款式简洁一些的家具

○做工越复杂价格越高同样符合家具的特点，尤其在一些古典风格中，由于有各种雕花设计，家具的价格是相当高的。在餐厅中，由于面积的限制，家具的种类比较少，通常来说就是餐桌椅、餐边柜或酒柜，若预算有限，就可以选择在风格限制内比较简洁的款式。特别是在小餐厅中，小巧的、可折叠的餐桌椅，简洁、美观、价格低，是很好的选择。

**开敞式隔板或柜子储物更省钱**

○餐边柜或储物柜安装上门板后就多了很多工序，价格自然也就高一些，使用开敞式的隔板或柜子来储物，是餐厅节省资金的窍门之一。这类储物设计不仅省钱，还具有展示作用，摆放一些精美的餐具、红酒或小饰品，还能美化餐厅环境，提升整体品味。

**墙面使用施工简单的材料**

○餐厅由于位置的限制，通常仅有一面墙适合做背景墙。除了一些非常华丽的风格外，大部分餐厅可以使用施工简单的材料来装饰墙面，使整体装饰有一个主次区分的同时，减少造型和工费，达到省钱的目的，例如使用玻璃、壁纸，或简单的涂刷乳胶漆搭配色彩突出的装饰画等。

## 二、餐厅不同造型顶面的预算差别

**1** **正方形吊顶**

正方形的吊顶设计适合比较方正的餐厅，吊顶的中心部分安装吊灯，刚好可以照射在餐桌上。此种吊顶下面的餐桌可使用长方形餐桌、正方形餐桌及圆形餐桌等，是比较容易搭配家具的一种吊顶形式。

预算估价：市场价 125 ～ 135 元 /m²。

**2** **长方形吊顶**

长方形吊顶通常是四边下吊中间内凹的一种造型，其四周会设计一些筒灯或射灯等辅助性光源，来烘托氛围。吊灯通常是安装在中间位置的，选择整体形状为长方形的餐桌，可以使餐厅的设计效果更具整体性。

预算估价：市场价 125 ～ 135 元 /m²。

### 3 圆形吊顶

圆形吊顶有两种设计形式，一种类似长方形吊顶，但中间是圆形的内凹造型，另一种是中间整体下吊做成圆形，四周为原有顶面，中间安装吊灯，如果四周宽度足够，还可以使用辅助光源。

预算估价：市场价 125 ~ 155 元 /m²。

### 4 弧线吊顶

弧线吊顶适合餐桌椅靠一侧摆放的餐厅，吊顶设计在餐桌倚靠的一侧，呈弧线形造型，使弧形的一半显露在吊顶上，另一半隐藏在墙面里，给人以餐厅空间很大的错觉，很适合面积比较小的餐厅。

预算估价：市场价 125 ~ 145 元 /m²。

### 5 镂空装饰吊顶

通常是在方形或长方形吊顶的中间安装一些镂空式的雕花格，并在上方安装一些暗藏灯带，让灯光透过雕花格散发出来，营造出一种温馨的餐厅氛围，适合具有中式韵味的餐厅。

预算估价：市场价 350 ~ 680 元 /m²。

**TIPS**

**先定灯具再做吊顶也可以节约预算**

在设计餐厅吊顶的造型时，如果有喜欢的灯具，可以与设计师进行沟通，根据灯具的形式来设计吊顶，例如灯具比较美观或极具特色，吊顶的形式就可以简洁一些，或者根据灯具的形状来设计一块局部式的吊顶，既具有整体感又能够达到节约资金的目的。

# 三、餐厅不同造型背景墙的预算差别

**1**

### 镜面墙

镜面墙适合面积比较小的餐厅，镜面具有延伸的效果，能够扩大餐厅视觉上的面积。使用如超白镜、黑镜、灰镜等镜面材料，呈条纹状切割拼接或搭配石膏板、板材等造型，既能拓展餐厅的面积，又能够增添时尚感和现代感。

预算估价：市场价 220 ~ 280 元 /m²。

**2**

### 壁纸

餐厅墙面壁纸的运用方式较多，例如全部满铺、与石膏线或护墙板组合成背景墙等，而后以装饰画等点缀，适合各种风格的餐厅。因为面积较大所以壁纸的纹理和色彩都不宜过于明显和花哨，色彩较淡雅、纹理规则一些的款式最佳。

预算估价：市场价 35 ~ 350 元 /m²。

**3**

### 白色砖墙

白砖墙的制作有两种方式，一种是底层使用红砖表面涂刷白色涂料；另一种是用 3D 壁纸粘贴于墙面上。具有颗粒感的背景墙很适合搭配原木色的餐桌椅，具有简约、纯净而温馨的氛围。

预算估价：市场价 13 ~ 180 元 /m²。

**4**

### 彩色乳胶漆

餐厅是需要一些能够促进食欲的色彩的，如苹果绿、橙色、黄色等欢快的色彩能够让人心情愉悦。当餐厅面积不大时，就可以简单的用彩色乳胶漆装饰背景墙，搭配装饰画、隔板组合摆件等来烘托氛围。

预算估价：市场价 25 ~ 55 元 /m²。

**5**

### 大理石造型

大理石可以用一种款式与造型结合，也可以采取不同色彩拼花的铺设方式，组成餐厅的背景墙主体。大理石经过处理后光泽度非常高，加以多变的纹理，华丽但并不让人感觉单调、庸俗。

预算估价：市场价 450 ～ 880 元 /m$^2$。

**6**

### 浅色系饰面板

大多数餐厅的面积都是有限的，所以使用浅色的饰面板是比较能够彰显宽敞感的做法。饰面板可以做成横向条纹或竖向条纹的样式，中间可以做凹陷造型形成一定间隔排列，也可以镶嵌不锈钢条等材料。

预算估价：市场价 50 ～ 165 元 /m$^2$。

## 四、餐厅不同材料地面的预算差别

**1**

### 玻化砖

玻化砖具有通透的光泽，铺设在餐厅的地面上，可以像一面镜子一样反射自然光线，使餐厅显得更整洁。同时玻化砖非常耐磨，可以避免餐桌椅滑动在地砖上留下划痕，一旦有食物掉落在地砖上，也很容易清洁不容易被污染。

预算估价：市场价 100 ～ 450 元 /m$^2$。

**2**

### 亚光砖

亚光砖能够吸收一定的光线，避免餐厅形成光污染，使餐厅具有舒适、柔软的感觉，当墙面以白色或浅色为主时，就很适合使用亚光砖。

预算估价：市场价 45 ～ 85 元 /m$^2$。

**3**

**深色复合地板**

餐厅顶面通常是白色或接近白色的浅色材料，当高度不是很高时，地面使用深色的木地板可以在增添温馨感的同时与顶面形成对比，利用浅色的上升感和深色的下沉感拉高视觉上的高度差。同时，深色的地板还能够使空间的重心稳定，无论搭配深色餐桌椅还是浅色餐桌椅都具有稳定的感觉。之所以建议选择复合材质，是因为它非常好打理，餐厅难免会有食物掉落，选择易于清洁的地面材料可以避免很多麻烦。

预算估价：市场价 65 ~ 185 元 /m²。

**4**

**地砖拼花**

拼花地砖的形式有两种，一种是以一定规律排列的全拼花；另一种是局部地面拼花，在餐桌的正下方，拼花的面积略大于餐桌的面积，拼花的样式复杂多样，且极具美感，可形成餐厅的视觉主题。两种不同的地面拼花都会为原本单调的餐厅，带来丰富的视觉变化，增添餐厅空间的设计感。

预算估价：市场价 65 ~ 180 元 /m²。

**5**

**纹理砖**

市面上的纹理砖主要有木纹砖、布纹砖和皮纹砖三类。其中木纹砖能够让餐厅空间具有铺设木地板后的温暖氛围，却不存在划伤的问题，非常适合用在餐椅挪动比较频繁的环境。

预算估价：市场价 95 ~ 210 元 /m²。

**TIPS**

**小餐厅与客厅地面使用同材料更利于砍价**

当餐厅的面积不大时，餐厅地面选择与客厅地面相同的材料，会使整个公共区具有比较统一的感觉，效果更美观，且同一种材料购买的数量会比较多，有利于砍价，而从辅料和工费的角度来说，也都比较节约，是一种节约资金的做法。

# 卧室——安静、舒适而又有个性

卧室的作用是为了满足人们的睡眠需求，除了面积非常大的卧室外，不建议设计得过于花哨，造型过多容易让人感觉压抑而影响睡眠，色彩过于刺激则容易让人感觉兴奋、刺激，同样不利于睡眠。柔和的、温馨的或淡雅的色彩为主是比较适合卧室的，能够让人感觉安静、舒适，有安全感。由于卧室是非常私密的空间，在进行整体设计时，可以通过材料的质感、花纹、整体色彩和家具的款式来侧面彰显居住者的喜好和个性，能够在彰显品位的同时使居住者更具有归属感。

## 一、卧室预算的省钱原则

在卧室空间中减少预算额度是比较容易的一件事情，硬装的造型部分可以根据户型的特点来进行简化，将床头墙作为装饰重点，其他部分即使装饰的非常简单也会很舒适。

### 前期规划多花精力

○在进行卧室设计时，首先应考虑使用者的性别和年龄等因素，例如是成年人、儿童还是老人，根据使用者的不同，来确定室内墙面是否需要做一些造型，有哪些部位需要考虑安全性等，减少不必要的装饰性部位，很好地进行统筹规划，而后再去选择造型和材料，不仅能够让不同的使用者感到舒适，还可以节约很多资金。

### 将床头墙作为重点设计

○通常来说卧室内只要有一个背景墙就足可以满足装饰需求了，将床头墙作为造型重点是因为作为卧室中心的床依靠这面墙，搭配床头做一些造型更容易让人感觉顺理成章。床头墙并不一定是复杂的，只要与其他墙面有明显的区别即可，有了主体后其他墙面就可以简单的处理，例如涂刷乳胶漆或粘贴壁纸，有了层次后即使花费很少的资金效果也不会差。

### 将钱用在材料的质量上

○卧室的环保性是非常重要的，人的睡眠时间占据了每天 1/3 的时间，如果使用的材料不够环保，会对人体健康造成危害，所以与其将资金花费在做大量造型上，不如减少造型而购买一些高环保性的材料，实用也是节约资金的一种方式。

### 减少顶面造型

○如果卧室的房高非常高，做一些吊顶可以减轻空旷感，是必要的设计；如果卧室高度不是很高，建议尽量少做顶面造型，尤其是跌级式的造型。层级过多的顶面造型，当人躺在床上的时候，会给人一种压顶的感觉，使人没有安全感，导致睡眠不佳等情况，时间长了容易患上神经衰弱等疾病。

## 二、卧室不同造型顶面的预算差别

**1** **造型石膏线吊顶**

石膏线不仅有直线的款式，还有很多加工好的圆形、曲线等款式，这些石膏线可以直接粘贴在顶面的四角或中间组成一定的造型，搭配灯具，美观且不占用房高，适合欧式、美式风格的卧室。

预算估价：市场价 56 ~ 238 元 / 组。

**2** **长方形吊顶**

卧室通常来说都是长方形的，使用四边下吊中间内凹的长方形吊顶从视觉上来说，比例会非常舒适，中间安装主灯后，四周和吊顶上层还可以安装一些辅助灯具，来烘托温馨的氛围。

预算估价：市场价 125 ~ 135 元 /m²。

**3 局部吊顶**

卧室内的局部吊顶主要有两种常见的形式，一种是比较有规则性的设计，适合主卧、客房、老人房等成年人的卧室，例如设计在床头上方或者结合卧室的形状，四边做吊顶，中间内凹保留建筑顶面；另一种就是比较随性的，圆形、月亮、星星等形状比较随意的分布在顶面上，通常是用在儿童房中。

预算估价：市场价 75 ~ 110 元 /m²。

**4 尖拱形吊顶**

当卧室的层高超出标准层高非常多的时候就可以采用此种吊顶造型，来减弱因为房高带来的空旷感。适合设计尖拱形吊顶的风格有欧式风格、东南亚风格及美式乡村风格卧室等，可根据具体的卧室风格选择尖拱形吊顶的样式，彰显出卧室的大气与奢华感。

预算估价：市场价 130 ~ 155 元 /m²。

**5 一体式吊顶**

一体式吊顶就是将吊顶和床头墙做连接式的设计，从侧面看是一条"L"形或倒"U"形的线条，此种吊顶不适合安装吊灯，通常是用筒灯做主灯的，造型两侧可以安装暗藏灯带，是一种很有气氛的吊顶设计，适合年轻人。

预算估价：市场价 110 ~ 160 元 /m²。

**6 公主房吊顶**

公主房式吊顶是在床头位置的正上方，设计出一个半弧形的石膏板吊顶，并搭配弧形的石膏线，在半弧形的吊顶四周围上彩色的纱帘。半弧形石膏板吊顶的直径一般在600~800cm，自然下垂的纱帘正好可将人包围在纱帘的内部。这种吊顶常用于欧式风格的卧室。

预算估价：市场价 115 ~ 145 元 /m²

## 三、卧室不同造型背景墙的预算差别

**1** **皮革软包墙**

皮革软包床头墙是比较常用的一种卧室床头墙设计，在欧式风格卧室中，通常是从顶面到地面设计成方块状的皮革软包，呈斜拼的形式排列；而在现代风格的卧室中，则通常是将皮革软包呈竖条纹排列，然后在皮革的纹理与颜色上寻求变化。

预算估价：市场价 380 ～ 560 元 /m²。

**2** **布艺硬包墙**

硬包床头墙表面使用的是布艺材料，基层不使用海绵，所以比较有菱角，触感比较硬挺，具有一种利落、干脆的装饰效果，最常用于现代风格的卧室中。

预算估价：市场价 260 ～ 320 元 /m²。

**3** **壁纸、壁布墙**

卧室内的壁纸和壁布背景墙有两种常见形式，一种是简单的平铺，而后搭配具有一些特点的床和装饰画来丰富墙面内容；另一种是搭配一些简单的造型，适合采用壁纸画或分块的方式铺设。

预算估价：市场价 35 ～ 350 元 /m²

**4** **石膏板造型墙**

使用石膏板来塑造床头墙宜结合居室风格来设计造型，如欧式风格的卧室可设计成带有欧式元素的造型；现代风格的床头墙可设计成几何造型的样式等。

预算估价：市场价 155 ～ 260 元 /m²。

**5**

**实木雕花墙**

此种床头墙适合设计在中式和新中式风格的卧室内，设计师可以根据床头墙的大小进行定制，也可以选择几块雕花格进行拼接。采用雕花格拼接的设计，可以为卧室营造出多扇木窗的感觉，增添卧室的中式韵味。

预算估价：市场价 350 ~ 550 元 /m²。

**6**

**乳胶漆或涂料墙**

卧室内的乳胶漆或涂料背景墙通常会搭配一些造型或拼色方式来设计，例如设计成地中海式的拱形，或是床头墙使用彩色漆而其他墙面使用白色漆等，是一种操作简单且比较经济的装饰方式。

预算估价：市场价 25 ~ 75 元 /m²。

## 四、卧室不同材料地面的预算差别

**1**

**竹地板**

竹子 4 年左右就能成材，是一种非常环保的材料，它的表面光滑细致、平整度高，非常有质感，铺设在卧室中能够增添文雅韵味。且竹地板具有极强的韧性和硬度，冬暖夏凉、防水防潮、护养简单的特点也迎合了卧室空间对于地板的特殊要求，同时它还适用于地热的环境，在越来越多的地热住宅中，竹地板的优势是非常明显的。

预算估价：市场价 240 ~ 850 元 /m²。

**2**

**软木地板**

软木地板是一种新型木地板，主要的原料是橡树的树皮，非常环保，具有很好的弹性与韧性，铺设时如果原来底层有地板，那么不必拆除，可直接铺在上面，很适合儿童房和老人房。铺设软木地板能够增强空间使用的舒适性，避免摔倒后的磕碰。

预算估价：市场价 300 ~ 800 元 /m²。

## 3 地毯

地毯具有丰厚的手感和柔软的质地，能消除地面的冰凉感，还能吸音，可使卧室更舒适更富质感。尤其是简单的纯色地毯，最适合用于卧室的整体铺装，柔软的质地加入波点的变化，为冬天的居室融入浓浓的舒适暖意。

预算估价：市场价 50 ~ 130 元 /m²。

## 4 实木地板

卧室的人数比较固定，通常就是 1 ~ 2 人，如果对地面材料的质感比较有追求，且湿度比较合适，就可以使用实木地板来进行装饰。实木地板脚感好、质感高档，在不是特别潮湿的地区，还有调节湿气的作用，带有木材天然的芳香，有利于人的身心健康。

预算估价：市场价 350 ~ 1200 元 /m²。

## 5 亮面漆复合地板

涂刷了亮面漆的木地板反光性较高，具有通透感，卧室内灯光较柔和，不用担心有光污染的问题，使用亮面漆地板能够增添整洁感。色彩明亮自然的卧室，可选择浅色调的水曲柳木地板；颜色艳丽或沉稳的卧室，可选择深色调的木地板。

预算估价：市场价 260 ~ 320 元 /m²。

## 6 仿木纹地砖

卧室铺设仿木纹陶瓷砖主要优点是便于打理。木地板怕水，而仿木纹陶瓷砖可以很好地解决这个问题。首先，仿木纹陶瓷砖的木纹质感可以增添卧室的舒适感；其次，其长久耐用的特点与较低廉的造价，都使其成为铺设在卧室的不错的选择。

预算估价：市场价 100 ~ 220 元 /m²。

# 书房——静谧且有学术氛围

书房是用来工作或学习的空间，首先应保证的是有一个相对安静的环境，使用一些吸音效果的好的材料能够辅助性的消除一些杂音。除此之外，装饰性方面应注重学术氛围的营造，与书房功能无关的装饰宜减少设计或完全不设计，背景墙与书柜结合是可以兼具实用性和装饰性的设计方式，书柜内可以藏一些灯光，除了摆放书籍外还可以摆放一些工艺品，形成节奏感的同时还可彰显主人的品位。

## 一、书房预算的省钱原则

减少不必要的造型，一切以满足实用性为出发点是书房装饰的省钱总原则，即使只是涂刷乳胶漆，悬挂几幅装饰画，选择风格适合的家具后也可塑造出舒适的氛围。

### 规划位置后再确定装饰形式

○书房与卧室不同，它并不一定是一个独立的空间，其具体位置取决于主人的需要。如果家居空间面积较大，平时有较多的公务需要在家中处理，就可以规划一个单独的空间作为书房，如果公务不多、面积小，就可以在其他空间中规划出部分空间兼作书房，例如阳台。独立式的书房的预算金额可以多一些，若是后一种形式的书房，则简单的摆放家具即可，就可以少分配一些资金。

### 用书柜充当背景墙

○如果不是面积特别大显得很空旷的书房，无须单独设计背景墙，可以将储物家具与背景墙的设计结合起来，或做成整面墙式的书橱，或用两组书橱组合中间悬挂装饰画，如果墙面非常小也可以仅仅搭建几块隔板，再搭配一些灯光和小饰品，既可以充分的利用空间面积，又完成了具有学术氛围的背景墙设计，是非常省钱的做法。

## 装饰画墙增添艺术感

○若除了书橱所占据的墙面外，还有空余较多的大面积墙，可以用装饰画墙的方式来使空间变得更丰满，书房中的装饰画墙数量不宜过多，色彩不宜过于艳丽，水墨画、水彩画或简单的摄影画、书法作品等是比较合适的选择。

## 低房高不做吊顶

○当书房的高度比较矮的时候，就不建议做吊顶，这也是节约资金的一种方式。在书桌附近使用台灯或落地灯就可以满足阅读需求，而后安装一盏主灯，搭配如轨道射灯、暗藏灯等辅助光源来烘托氛围，即使不做吊顶也不会影响整体效果。

## 购买或定制成套家具

○书房中的家具数量比较少，通常来说包括书柜、书桌、工作椅等。书柜和书桌建议成套购买或定制，效果比较统一，能够扩大空间感，同时也便于砍价，且方便保修。

# 二、书房不同造型顶面的预算差别

## 1 吸音板吊顶

吸音板吊顶的构造结构为穿孔面板与穿孔背板，依靠优质胶黏剂与铝蜂窝芯直接黏接成铝蜂窝夹层结构，蜂窝芯与面板及背板间贴上一层吸音布。它可以根据室内声学设计，进行不同的穿孔率设计，在一定的范围内控制组合结构的吸音系数，既能达到设计效果，又能合理控制造价。

预算估价：市场价 55 ~ 105 元 /m²。

### 2 平顶

平顶就是不设计任何吊顶造型，仅在建筑结构的原顶面上做涂装的一种设计方式，适合举架比较低的书房。为了避免单调，可以在四周安装一圈石膏顶角线做装饰，是否带有花纹可结合风格来选择。

预算估价：市场价 25 ~ 35 元 /m²。

### 3 整体式吊顶

此种吊顶设计适合房高略高的书房，用石膏板在原顶面的一定距离下方，做平面式的吊顶，通常门口或窗帘位置留空，可做暗藏灯槽。采用这种方式吊顶的书房，适合安装筒灯，需要安装中央空调的书房同样适用。

预算估价：市场价 95 ~ 110 元 /m²。

### 4 跌级吊顶

跌级吊顶适合高度很高的书房，顶面适当做一些层级式的造型，能够吸收一些声音，避免回声的产生，吊顶形式可根据风格来选择。书房灯光通常较少，跌级吊顶上方可以搭配一些暗藏灯带，丰富一下整体的层次感，来减弱因高房过高带来的空旷感。

预算估价：市场价 125 ~ 165 元 /m²。

### 5 夹板造型吊顶

夹板即为胶合板，具有材质轻、强度高、良好的弹性和韧性、耐冲击和振动、易加工和涂饰、绝缘等优点，能轻易地创造出各种各样的造型天花，适合顶面需要做不规则形状吊顶的书房，例如连续的圆弧形、曲线、弧线等形状的吊顶。

预算估价：市场价 125 ~ 175 元 /m²。

## 三、书房不同造型背景墙的预算差别

**1**

### 定制书柜墙

书柜墙的设计有两种方式，一种是在一侧墙体的前方用整体式的书柜兼做背景墙，如果有需要，可以在中间位置设计空位来悬挂装饰画；另一种是将原墙体拆除，直接用书柜兼做隔墙来扩展室内面积，适合小面积书房。

预算估价：市场价 320 ~ 580 元 /m²。

**2**

### 素雅纹理壁纸

书房使用壁纸来粘贴墙面是一种可以让书房很有氛围的做法，选择素雅纹理的壁纸温馨而又利于让人沉淀思绪，过于花哨的壁纸和大纹理的款式则不适合使用。

预算估价：市场价 55 ~ 180 元 /m²。

**3**

### 白色砖墙

白色砖墙不适合使用大面书柜，而适合使用小书柜、小书架等来存储物品的情况，用白色砖墙做背景，具有一种纯净和淳朴感。

预算估价：市场价 13 ~ 180 元 /m²。

**4**

### 浅色乳胶漆

采光对于书房来说是非常重要的，好的采光可以减少用眼压力，有助于视力的平稳。如果是使用乳胶漆装饰书房墙，色调应选择保持浅色调的明亮色系，有利于保护眼睛，还会增进人们阅读的愉悦性。

预算估价：市场价 25 ~ 35 元 /m²。

**5** **浅色墙裙造型**

墙裙的高度通常为 90 ~ 1100cm，上方搭配乳胶漆或壁纸都很合适，墙裙可以根据书房的风格涂刷成白色或彩色混油，也可以选择色彩比较浅淡的饰面板或实木，涂刷清漆饰面，保留木材的温润感。

预算估价：市场价 260 ~ 350 元 /m²。

# 四、书房不同材料地面的预算差别

**1** **深色实木地板**

书房与卧室一样，使用的人数较少，所以如果是独立式的书房，使用实木地板既可以吸音又能够营造舒适的氛围，选择深色调是因为可以拉开与顶面的距离，让整体比例更舒适，同时具有一种沉淀感。

预算估价：市场价 350 ~ 1200 元 /m²。

**2** **凹凸纹理复合地板**

表面带有浮雕凹凸纹理设计的复合地板，观感上非常高级，且不容易出现划痕，纹理具有一些吸音效果，适合各种风格的书房。

预算估价：市场价 180 ~ 360 元 /m²。

**3** **织布纹理的强化木地板**

织布纹理复合地板一改以往木地板的实木纹理，而采用织布的纹理，使地面看起来具有文艺气息，是一种比较适合铺设在书房的复合地板。而且织布纹理木地板明显的一个特点是，其容易搭配空间的设计风格，不论书房是现代风格，还是欧式风格，其都可以用它来很好地搭配。

预算估价：市场价 250-320 元 /m²。

### 木纹或皮纹砖

木纹或皮纹砖是仿照木纹及皮纹做的特殊纹理,能够从视觉上给人以木料及皮料的柔和感,尤其是皮纹砖,有的款式还带有皮料制品的车缝线,很难看出它是瓷砖,将此类瓷砖铺设在书房的地面,可增添空间的设计元素,使书房看起来极具质感。如果书房的举架不高,建议选择深色系的款式,能够从视觉上增加书房的整体高度。

预算估价:市场价 95 ~ 210 元 /m²。

### 短绒地毯

短绒地毯比长毛地毯好打理,可以将其满铺在书房的地面上,来增加踩踏的舒适感,同时还能够起到吸音的作用,来减少噪音的产生。色彩上建议选择深一些的颜色,可以为书房提供静谧的氛围,创造更安静、更舒适的学习和阅读环境。

预算估价:市场价 50 ~ 130 元 /m²。

### 清水模地面

清水模是一种非常具有代表性的建筑内部处理手法,可以将其地面的处理方式单独使用到书房中,具体做法是使用水泥来涂抹地面,表面做光滑一些的处理,适合工业风的书房,此种地面为灰色,具有雅致感和安静感,与书房氛围需求比较一致。

预算估价:市场价 35 ~ 65 元 /m²。

### 少纹理地砖

少纹理的地砖不带有明显的或复杂的纹理,主要目的是为书房提供一些柔和的反射。通过地砖颜色与反光效果,使整体空间更显明亮、通透。

预算估价:市场价 80 ~ 180 元 /m²。

# 厨房——油污较重、易清洁为主

厨房是家庭中烹饪的集中地，中式餐饮的操作方式多为炒制，所以油烟较重，在装饰厨房时，首先应注重材料的抗油污、易清洁性能，而后再考虑其装饰效果。无论是大厨房还是小厨房，国人的习惯都是首先解决储物的问题，橱柜占据的面积是比较大的，所以墙面多依靠瓷砖来制作花样，实际上除了瓷砖外，还可以使用烤漆玻璃、不锈钢等材料来装饰墙面以制造变化。

## 一、厨房预算的省钱原则

厨房预算的主要支出为吊顶、橱柜和瓷砖，顶面材料和橱柜在保证质量的前提下可节约的资金比较少，建议在购买时多做对比；而墙砖和地砖可以选择性价比高、少花纹的款式，以便节约部分资金。

### 不选花纹突出的墙砖或橱柜后方不贴砖

○砖的纹理不同，价格的差距还是比较大的，如果厨房的面积较小，大面积墙被橱柜覆盖，可以选择比较干净、透亮但纹理和工艺比较简单的砖，这样就可以节约很大一笔资金。同时，橱柜后方在做好基层处理后，不粘贴瓷砖，也是减少瓷砖费用的一种方法。

### 选防滑性好价格低的地砖

○厨房通常只有家人使用，由于人们的视物习惯，通常会将视觉的焦点放在水平线的位置，即墙面部分，而厨房由于会有一些水渍，所以防滑性能也是非常重要的。如果资金不是很充足，可以在厨房地面铺设颜色比较干净的、防滑性能较好且价格略低些的地砖，不但能够使厨房有一种整洁感而且很实用。

## 减少改造费用

○在建筑商进行户型规划时，考虑的通常是比较全面的，如果没有必要的话，不建议挪动空间的位置，例如将卫浴和厨房对调，这两个空间内的管线都比较多，如果改动会非常麻烦，在隐蔽工程上会花费大量的资金。

## 根据实际需求定制橱柜

○定制橱柜美观、省力且使用起来很方便，是绝大多数家庭装修厨房的首选方式，然而好质量的整体橱柜价格并不低，如果厨房的面积有很多空余，无须做满橱柜，建议结合日常需求估算一下自己常用的厨房用品，在定做橱柜时只要满足使用需求即可，没有必要全部做满，这样可以节省很多资金，空余的地方可以安装一些隔板来代替橱柜，既能储物又能摆放一些装饰品。

## 尽量集中采购

○现在很多商家的服务都比较人性化，同一个品牌中可能有橱柜的同时还包含有吊顶等材料，如果遇到这样的品牌，可以选择在一家购买多种产品，遇到折扣力度大的时候还会赠送灶具，也便于砍价。

# 二、厨房不同造型顶面的预算差别

## 1 印花铝扣板吊顶

铝扣板以铝合金为基材，具有质轻、防潮、防火、易清洗等优点，是非常适合厨房使用的一种吊顶材料，印花铝扣板包括热转印、釉面、油墨印花、3D 等多个系列，适用于不同风格的厨房。

预算估价：市场价 110 ~ 215 元 /m²。

**2**

### 镜面铝扣板吊顶

镜面铝扣板不同于纹理铝扣板表面带有的磨砂纹理，它的表面类似于镜面的效果，具有非常好的反射性能，无论是日光下还是灯光下，都能够从顶面为空间增加亮度，设计在小空间的厨房，可达到拓展视觉空间的效果。

预算估价：市场价 125 ~ 180 元 /$m^2$。

**3**

### 防火石膏板吊顶

石膏板吊顶适合大面积的厨房或敞开式的厨房，使厨房的吊顶设计独具美感和造型感。需注意的是厨房石膏板吊顶须使用具有防火性能的，一旦厨房发生火灾可以离火自熄，增强安全性。

预算估价：市场价 110 ~ 135 元 /$m^2$。

**4**

### 生态木吊顶

生态木是经过处理的木质材料，具有防潮效果，很适合用在潮湿的环境中，此种吊顶通常是搭配石膏板吊顶组合设计的，最常用的做法是在周围设计局部式的石膏板造型，中间的位置加入生态木造型。这种厨房吊顶设计十分新颖，很适合搭配实木橱柜。

预算估价：市场价 40 ~ 95 元 /$m^2$。

**5**

### PVC 扣板吊顶

自从铝扣板大量的投入市场后，PVC 扣板的使用量大大的减少，但一些仿木纹的款式有时也会使用在厨房顶面中，增添温馨的感觉。

预算估价：市场价 60 ~ 100 元 /$m^2$。

## 三、厨房不同造型背景墙的预算差别

**1** **仿古砖斜贴**

这种瓷砖的铺贴方式适合欧式、美式、田园、地中海以及东南亚风格的厨房。铺设一般有两种方式：第一种方式是在离地面 900cm 以下的墙面采用直贴的方式，然后以上的墙面采用斜贴的形式；第二种方式是厨房的全部墙面采用斜贴的方式。具体的墙面粘贴方式，可根据不同的仿古砖样式进行设计。

预算估价：市场价 170 ~ 260 元 /m²。

**2** **暗纹亮面砖**

亮面砖的表面反光性非常强，如果同时再搭配非常明显的纹理就会显得很混乱，所以在相对面积较小的厨房内，使用暗纹的亮面砖能够扩大空间并增添整洁感。

预算估价：市场价 80 ~ 170 元 /m²。

**3** **不锈钢墙**

不锈钢不容易生锈且便于清理，用其装饰吊柜和地柜之间的墙面，很适合现代风格的厨房，能够增添时尚感。不锈钢分为亮面和拉丝两种款式，亮面能够扩大空间感，而拉丝款式则更具高级感，可根据喜好选择。

预算估价：市场价 180 ~ 360 元 /m²。

**4** **烤漆玻璃墙**

烤漆玻璃经过了喷漆上色处理，具有不透光的特性，易于进行清理、擦洗，很适合用在料理台前的墙面上。烤漆玻璃色彩选择性很多，且多经过强化处理，具有很高的安全性。

预算估价：市场价 260 ~ 280 元 /m²。

**5** **防火板墙**

防火板是以岩棉与矽酸钙结合而成,耐高温、不易沾污垢、可清洗、不褪色而且完全不会燃烧,能够起到防火作用,很适合用在炉具前的墙面上,其色彩比较鲜艳,能够为烹饪者带来比较愉悦的心情。

预算估价:市场价 50 ～ 85 元 /m$^2$。

# 四、厨房不同材料地面的预算差别

**1** **防滑砖**

防滑砖美观性略差,花纹比普通砖要少一些,但对于多口之家或老年人家庭来说是很合适的,因为烹饪者多为年长者,在厨房中选择防滑性比较好的地砖是必要的,可以避免因水渍而滑倒,减轻危险性。

预算估价:市场价 80 ～ 200 元 /m$^2$。

**2** **拼色仿古砖**

因为厨房面积的限制,拼花仿古砖一般选择 300mm×300mm 的尺寸,在四角通常配有马赛克大小的拼花,成一定规律地铺设在厨房地面。适合美式乡村、田园、地中海等风格的厨房。

预算估价:市场价 200 ～ 420 元 /m$^2$。

**3** **木纹砖**

木纹砖是用砖来仿制实木的纹理,打破了厨房地面无法使用木质材料的遗憾。其纹理多样,吸水率很低,摸起来带有粗糙感,能够增加踩踏时的摩擦力,提高厨房的安全性。

预算估价:市场价 140 ～ 250 元 /m$^2$。

**4**

### 玻化砖

当厨房呈敞开式设计时地面可使用玻化砖来装饰，强化与餐厅的整体感。且玻化砖质地坚硬，耐磨性强，具有明亮的光洁度。如果厨房面积不大，可以选择色调浅的玻化砖，搭配类似色彩的墙面砖，橱柜则选择色调较深的款式，使厨房整洁而活泼。

预算估价：市场价 100 ~ 450 元 /m²。

**5**

### 软木地板

软木地板综合性能较佳，对于追求舒适感和高级感的人群来说，同样可以使用在厨房中，比较适合开敞式的厨房，能够保证良好的通风性来延长其使用寿命。

预算估价：市场价 300 ~ 800 元 /m²。

**6**

### 大理石

追求奢华感的厨房，可以在地面铺设大理石，因为大理石地面的铺设不像瓷砖一样留有缝隙，故不容易沾满灰尘，所以相对来说大理石清洁起来是比较方便的。如果觉得防滑性不够，可以在表面打磨一些条纹来增加摩擦力。

预算估价：市场价 210 ~ 320 元 /m²。

### 铺设地砖计算好损耗可节约资金

在厨房铺设地砖时，建议计算好损耗，可以避免浪费，节约资金，通常来说按照 3% 的耗损量来计算最为合理，如果采用花式铺贴就要高一些，所以普通的铺贴方式最省钱。规划时需要对用料进行初步的估算，除了地砖数量需要估算，还有辅料使用量也需要估算。一般地砖数量的计算为：所需地砖数 = 房屋面积 / 地砖面积 +3%。而辅料的计算一般是按照每 m² 地砖需要普通水泥 12.5 千克、沙子 34 千克，白水泥和 108 胶水在填缝处理时用到，按每 m²0.5 千克计算。

# 卫浴——水汽重、防霉防潮为主

卫浴间与厨房虽然都是水汽比较重的空间，但卫浴间内没有油烟，所以其装饰材料的选择重在防水汽和防霉，同时还应易于清洁和打理，才能为生活带来便利，如果选择了容易发霉的劣质材料，需要定期的花费大力气来清扫，且还会严重影响美观性和身体健康。与厨房类似的是，顶面以扣板吊顶为主，如果是石膏板吊顶则应注重防水性能，墙面和地面均以瓷砖为主。

## 一、卫浴预算的省钱原则

卫浴间内的主材主要为墙砖和地砖，它们的费用主要为材料费及人工费，从省钱角度来说，材料的规格越普通、铺设的方式越常见，则花钱越少，若选择的砖规格比较个性或要采取花式铺贴法，所花费的资金也就越多。如果不是非常华丽的装修风格且卫浴间的面积不大时，可以少做一些花式设计达到省钱的目的。

### 墙地砖使用同种纹理

○卫浴间中有一些可以墙面和地面通用的砖，所以在面积非常小的卫浴间中，墙面和地面可以使用同款式的墙砖和地砖，或者选择同款式不同色彩的砖给界面做个分区，这样可以增加购买的面积，有利于砍价。

### 顶面平吊不做造型

○石膏板吊顶比起铝扣板吊顶来说，工序要多很多，尤其是在卫浴间中，不仅要使用防水石膏板，表面还要涂刷具有防水性能的涂料，否则很容易因为受潮而掉皮，影响美观性，所以非必要时，建议选择铝扣板吊顶，可以在花色上做文章，尽量不选择石膏板造型吊顶，可以节约很多资金。

**使用便宜又个性的材料**

○有很多效果个性、价格便宜且不怕水淋的材料，例如抿石子、水泥、灰泥涂料等，可以用它们来装饰卫浴间的墙面或地面，对于追求时尚潮流的年轻人来说，是非常能够展现个性并节约资金的一种选择。

## 二、卫浴不同造型顶面的预算差别

**1 普通铝扣板吊顶**

铝扣板的可选择性非常多，由于是用在顶面上的，不宜过于沉重、压抑，可以选择色彩比较浅淡的款式，例如白色、银灰色、米黄色等。如果需要安装浴霸、灯具等，建议购买集成的款式，设计比较合理，也有利于砍价。

预算估价：市场价 110 ~ 215 元 /m²。

**2 欧式描金铝扣板吊顶**

欧式铝扣板带有欧式造型浮雕，然后配以描金等装饰，使铝扣板吊顶具有欧式风格独有的奢华感，适合设计在欧式卫浴间中，且卫浴间的面积应比较宽敞，否则会显得很局促。

预算估价：市场价 135 ~ 180 元 /m²。

**3 防水石膏板吊顶**

具体做法是，用轻钢龙骨做骨架，表面安装具有良好防水性能的石膏板，表面涂刷防水乳胶漆。此种吊顶最具设计感，一般使用在高档的家居设计中，如别墅或大平层的卫浴间中。

预算估价：市场价 110 ~ 135 元 /m²。

**4**

**桑拿板吊顶**

桑拿板是经过特殊处理的实木板材，易于安装、拥有天然木材的优良特性、纹理清晰、环保性好、不变形、具有良好的防水性能，它是条状的，拼接在顶部后，能够增添温馨感和节奏感，为卫浴间增添自然气息。

预算估价：市场价 90 ~ 120 元 /m²。

# 三、卫浴不同造型背景墙的预算差别

**1**

**马赛克背景墙**

马赛克材质和色彩都非常丰富，是非常适合用在卫浴间中的材料，不仅可以装饰墙面，还可以将墙面的设计延伸到地面上，从色彩上做区域的划分。有两种使用方式，一种是用在马桶后方的墙面上，做类似装饰画的拼贴，可以使用金属、贝壳、玻璃等材质的马赛克；另一种是整体铺贴，适合使用颜色较少的陶瓷款式。

预算估价：市场价 150 ~ 350 元 /m²。

**2**

**大理石墙面**

大理石适合使用在较高档的卫浴间中，通常是墙面全部铺贴，使其纹理连贯起来。从视觉上看，卫生间的墙面就像是由一整块石材组成的，彰显品质感和华丽感。大理石在卫生间经过无缝隙的工艺处理，水渍与灰尘都能够很好地清理。

预算估价：市场价 55 ~ 180 元 /m²。

**3**

**拼花砖墙**

这种铺贴方式无论是小卫浴间还是大卫浴间都很适合，拼花通常会有一个主体位置，例如马桶后方或淋浴区，边缘部分会使用花砖来做过渡，是层次比较丰富的卫浴间墙面装饰方式。

预算估价：市场价 170 ~ 320 元 /m²。

**4**

### 亚光砖整铺

卫浴间中的灯光比较多，通常包括顶灯、镜前灯等。使用亚光面的砖来铺设墙面，不做任何花式设计，可以避免光源污染，并塑造出比较大气的效果。

预算估价：市场价 75 ～ 160 元 /m²。

**5**

### 抿石子造型

抿石子是将小石子与泥料混合后涂抹于墙面的一种装饰方式，施工时没有面积限制，无缝，可以掺入琉璃来增加色泽和亮度，价格低、防滑，非常适合用在卫浴间的墙面和地面上，甚至连洗手台和浴盆也可以用它来砌筑。

预算估价：市场价 35 ～ 65 元 /m²。

## 四、卫浴不同材料地面的预算差别

**1**

### 碳化木

碳化木属于环保防腐木材，经过高温加工去除了内部的水分及破坏供养的微生物，防腐、不易变形、耐潮湿、稳定性高，是非常适合卫浴间地面使用的木材。

预算估价：市场价 78 ～ 260 元 /m²。

**2**

### 防滑地砖

卫浴间离不开水，难免会在地面留下水渍，如果使用了不防滑的材料，很容易摔倒，所以很适合使用防滑地砖。它在尺寸、图案纹路上有多种选择，可根据居室的设计风格进行选择。但防滑地砖也有较明显的缺点，例如积落在凹陷处的灰尘不容易清洁。

预算估价：市场价 80 ～ 200 元 /m²。

**3**

## 桑拿板

桑拿板除了可以用在卫浴间的顶面外，也可以用在地面和墙面上，因为它的颜色比较浅不耐脏，所以不适合大面积铺贴，可做局部装饰。

预算估价：市场价 90 ~ 120 元 /m²。

**4**

## 局部马赛克

马赛克是墙面和地面都可以使用的材料，在卫浴间的地面上，通常是采用局部铺贴的方式来进行装饰的，例如铺贴在马桶区域或淋浴区，为整体装饰增添一些变化感。需注意的是地面不适合使用金属材质、玻璃材质和贝壳材质的马赛克。

预算估价：市场价 150 ~ 350 元 /m²。

**5**

## 板岩砖

板岩砖是仿造天然板岩的纹理和色泽制造的，硬度更高，施工更简单，实用性高，它具有凹凸的纹理，具有防滑性，铺设在卫浴间地面上，能够增添原始感和粗犷感。

预算估价：市场价 50 ~ 400 元 /m²。

**6**

## 大理石

在卫浴间中使用大理石做地材，通常是为了搭配大理石墙面而设计的，可以彰显奢华的感觉，但它的防滑性差，可以做一些条纹来防滑。

预算估价：市场价 55 ~ 180 元 /m²。

# 第四章

## 材料类型决定了装修预算

　　材料是造成预算价格差的一个重要元素，尤其是在顶面和墙面装饰都比较简约的风格中，不同的材料是拉开预算差距的主要因素，在市场中，即使是同一种材料，产地不同、加工方式不同等诸多因素，也会造成价格的差距，例如不同品种的大理石。了解不同材料的价格，有利于更全面地掌控预算额度，当设计师建议的材料超出预算范围时，在掌握了材料价格的情况下，就可以在符合风格特征的范围内更换价格更低的材料来节约资金。

1. 了解不同品种墙面材料、地面材料、顶面材料、门窗、橱柜以及洁具的市场价格，对基本材料的价位做到心里有数。

2. 掌握不同材料的质量鉴别、选购方式，通过提升所购材料的品质，来增加单价内物品的价值。

3. 了解不同材料的施工常识，避免返工，减少资金投入。

# 墙面材料

　　人们的视物习惯是先平视，而后俯视，很少仰视。所以视线的聚焦点都在家居的墙面部位上，这就是大部分设计都将墙面作为重点的一个原因。可以用来装饰墙面的材料有很多，常用的包括有大理石、木纹饰面板、壁纸壁布、涂料、玻璃材料以及文化石等，每一种材料中又包含了诸多种类，纹理、产地、加工方式的不同决定了它们之间效果的差异和价格的差距，了解这些差距有助于更好地选择自己喜欢的设计并控制预算金额。

## 一、大理石

　　大理石主要成分以碳酸钙为主，耐磨度比较高。极具特点的是每一块大理石的纹理都是不同的，纹理清晰、自然，光滑细腻，花色丰富，据不完全统计大理石有几百个品种，非常适合用来做墙面装饰，能够渲染出华丽的氛围。相对来说，比较常见的品种价格比较低，花纹越珍贵的价格越高。

### 1. 不同种类大理石的市场价格

| 名称 | 特点 | 价格 |
|---|---|---|
| 金线米黄 | 石底色为米黄色，带有自然的金线纹路<br>装饰效果出众，耐久性稍差 | ≥ 140 元 /m² |

| 名称 | 特点 | 价格 |
|---|---|---|
| 黑白根 | 黑色致密结构大理石，带有白色筋络<br>光度好，耐久性、抗冻性、耐磨性、硬度达国际标准 | ≥ 150 元 /m² |
| 啡网 | 分为深色、浅色、金色等几种<br>纹理强烈、明显，具有复古感，多产于土耳其 | ≥ 250 元 /m² |
| 橘子玉 | 纹路清晰、平整度好，具有光泽<br>装饰效果高档，非常适合用在背景墙上 | 1000 ~ 1500 元 /m² |
| 爵士白 | 具有特殊的山水纹路，有着良好的装饰性能<br>加工性、隔音性和隔热性良好，吸水率相对比较高 | ≥ 200 元 /m² |
| 大花绿 | 板面呈深绿色，有白色条纹，色彩对比鲜明<br>组织细密、坚实、耐风化，质地硬，密度大 | ≥ 300 元 /m² |
| 波斯灰 | 色调柔和雅致，华贵大方，极具古典美与皇室风范<br>石肌纹理流畅自然，结构色彩丰富，色泽清润细腻 | ≥ 400 元 /m² |
| 蒂诺米黄 | 底色为褐黄色，带有明显层理纹、色彩柔和、温润<br>表面层次强烈，纹理自然流畅，风格淡雅 | ≥ 400 元 /m² |
| 银白龙 | 黑白分明，形态优美，高雅华贵<br>花纹具有层次感和艺术感，有极高的欣赏价值 | ≥ 400 元 /m² |
| 银狐 | 白底，带有不规则灰色纹理，花纹十分具有特点<br>颜色淡雅，吸水性强 | ≥ 350 元 /m² |
| 蒂诺米黄 | 带有明显层理纹、底色为褐黄色，色彩柔和、温润<br>表面层次强烈，纹理自然流畅，风格淡雅 | ≥ 400 元 /m² |

## 2. 掌握大理石的鉴别方式，提升材料价值

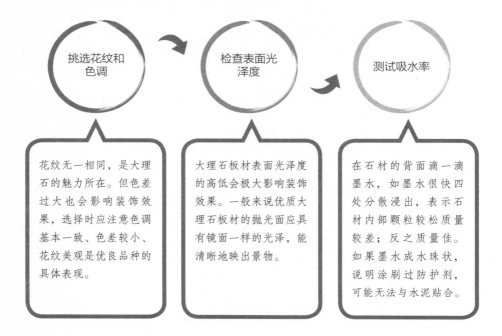

挑选花纹和色调

检查表面光泽度

测试吸水率

花纹无一相同，是大理石的魅力所在。但色差过大也会影响装饰效果，选择时应注意色调基本一致、色差较小、花纹美观是优良品种的具体表现。

大理石板材表面光泽度的高低会极大影响装饰效果。一般来说优质大理石板材的抛光面应具有镜面一样的光泽，能清晰地映出景物。

在石材的背面滴一滴墨水，如墨水很快四处分散浸出，表示石材内部颗粒较松质量较差；反之质量佳。如果墨水成水珠状，说明涂刷过防护剂，可能无法与水泥贴合。

## 3. 了解施工方式，避免因疏漏导致返工

### 做好施工防护工作

○大理石在安装前的防护十分必要，一般可分为三种方式：一种是 6 个面都浸泡防护药水，这样做的价格较高，一般在 130 ~ 1500 元 /m²；第二种是处理 5 个面，底层不处理，价格在 80 ~ 100 元 /m²；还有一种是只处理表面，价格在 60 ~ 80 元 /m²，但防护效果较差。可根据经济情况及计划使用的时间长短来选择具体的防护方式。

### 干挂法石材不容易掉落

○家装工程中的大理石施工方式主要有湿挂和干挂两种方式，湿挂是指大理石石材基层用水泥砂浆作为粘贴材料，先挂板后灌砂浆的施工方法，适合小面积铺贴，但如果处理得不好石材容易掉落；干挂法是指大理石石材基层用钢骨架，再用不锈钢挂件将钢骨架与石材连接的施工方法，安装比较稳固，不会掉落，但价格比较高，如果需要大理石施工，可向施工方问清楚施工方式，避免花了高价却采用湿挂法。

# 二、木纹饰面板

木纹饰面板，全称装饰单板贴面胶合板，它是将天然木材或科技木刨切成一定厚度的薄片，粘附于胶合板表面，然后热压而成的一种板材，种类繁多，施工简单，作用广泛，不仅可用于室内墙面砖石，还能用来装饰门窗或家具的表面。需注意的是，即使是合格的板材也会含有污染物，所以尽量减少用量是既能保证环保性能又节约资金的做法。

## 1. 不同种类木纹饰面板的市场价格

| 名称 | 特点 | 价格 |
|---|---|---|
| 榉木 | 分为白榉和红榉，木质坚硬，强韧，耐磨耐腐耐冲击<br>干燥后不易翘裂，透明漆涂装效果颇佳 | ≥ 100 元 /m² |
| 胡桃木 | 常用的有黑胡桃、红胡桃等<br>颜色由淡灰棕色到紫棕色，纹理粗而富有变化<br>透明漆涂装后纹理色泽深沉稳重，更美观 | ≥ 150 元 /m² |
| 樱桃木 | 纹理通直，纹理里有狭长的棕色髓斑，结构细<br>装饰面板多为红樱桃木，带有温暖的感觉，合理使用<br>可营造高贵气派的感觉 | ≥ 106 元 /m² |
| 柚木 | 包含柚木以及泰柚两种，质地坚硬，细密耐久<br>耐磨耐腐蚀，不易变形，涨缩率是木材中最小的一种<br>含油量高，耐日晒，不易开裂 | ≥ 95 元 /m² |
| 枫木 | 分为直纹、山纹、球纹、树榴等，花纹呈明显的水波纹，或呈细条纹<br>乳白色，格调高雅，色泽淡雅均匀，硬度较高，涨缩率高，强度低 | ≥ 120 元 /m² |
| 橡木 | 花纹类似于水曲柳，但有明显的针状或点状纹<br>可分为直纹和山纹，山纹橡木饰面板具有比较鲜明的山形木纹<br>纹理活泼、变化多，有良好的质感，质地坚实，使用年限长，档次较高 | ≥ 190 元 /m² |

| 名称 | 特点 | 价格 |
|---|---|---|
| 檀木 | 有沈檀、檀香、绿檀、紫檀、黑檀、红檀等几种<br>其质地紧密坚硬、色彩绚丽多变，适用于比较华丽的风格 | ≥ 150 元 /m² |
| 沙比利 | 可分为直纹、花纹、球形几种<br>光泽度高，重量、弯曲强度、抗压强度、耐用性中等<br>加工比较容易，上漆等表面处理的性能良好，特别适合复古风格的居室 | ≥ 120 元 /m² |
| 铁刀木 | 肌理致密，紫褐色深浅相交成纹，酷似鸡翅膀，因此又称为鸡翅木<br>原产量少，木质纹理独具特色，因此比较珍贵 | ≥ 135 元 /m² |
| 影木 | 常见的种类有红影和白影两种<br>纹理十分具有特点，90°对拼时产生的花纹在柔和的光线下显得十分漂亮<br>结构细且均匀，强度高 | ≥ 120 元 /m² |
| 桦木 | 桦木饰面板年轮纹路略明显，纹理直且明显<br>材质结构细腻而柔和光滑，质地较软或适中<br>颜色为黄白色、褐色或红褐色<br>花纹明晰，易干燥、要求室内湿度大 | ≥ 110 元 /m² |
| 树瘤木 | 雀眼树瘤的纹理看似雀眼<br>与其他饰板搭配，有如画龙点睛的效果<br>玫瑰树瘤色泽鲜丽、图案独特，适用于点缀配色 | ≥ 130 元 /m² |
| 麦哥利 | 木材呈浅褐红色，纹理统一性极强且其年轮变化多<br>清漆后光泽度佳，纹理直<br>是一款表现力极强的装饰板 | ≥ 105 元 /m² |
| 榆木 | 纹理直长且通达清晰，有黄榆饰面板和紫榆饰面板之分<br>刨面光滑，弦面花纹美丽，具有与鸡翅木一样的花纹<br>密度大，木材硬，天然纹理优美 | ≥ 90 元 /m² |

## 2. 掌握木纹饰面板的鉴别方式，提升材料价值

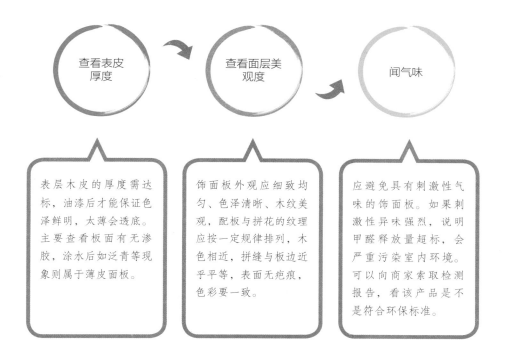

查看表皮厚度

查看面层美观度

闻气味

表层木皮的厚度需达标，油漆后才能保证色泽鲜明，太薄会透底。主要查看板面有无渗胶，涂水后如泛青等现象则属于薄皮面板。

饰面板外观应细致均匀、色泽清晰、木纹美观，配板与拼花的纹理应按一定规律排列，木色相近，拼缝与板边近乎平等，表面无疤痕，色彩要一致。

应避免具有刺激性气味的饰面板。如果刺激性异味强烈，说明甲醛释放量超标，会严重污染室内环境。可以向商家索取检测报告，看该产品是不是符合环保标准。

## 3. 了解施工方式，避免因疏漏导致返工

**施工前先对饰面板的花色进行挑选**

○即使是同一个品种的饰面板，也无法保证花纹和色泽是完全一致的，尤其是天然木皮的产品，有色差是很正常的现象，但在拼贴时，如果色差和纹理相差大的款式放在一起就会让人感觉不舒适，影响整体铺装效果，所以在对墙面进行装饰前，如果饰面板的面积较大，应对板材的花色进行挑选，将色彩和纹理接近的放在一起。

**拼贴后纹理应一致**

○木纹饰面板在墙面施工时，要注意纹路上下要有正片式的结合，纹路的方向性要一致，避免拼凑的情况发生，会影响美观。

# 三、壁纸、壁布

壁纸和壁布都属于裱糊类的装饰壁材，花色众多、施工简单、具有极佳的装饰效果。材料本身都是环保性很高的，若同时使用环保胶来粘贴就更安全。它们与墙漆等相比有一个显著的缺点，就是需要 3 ~ 5 年更换一次，所以在注重质量的同时，可以避免选择价格很高的产品。

## 1. 不同种类壁纸的市场价格

| 名称 | 特点 | 价格 |
|---|---|---|
| PVC 壁纸 | 是使用 PVC 这种高分子聚合物作为材料，通过印花、压花等工艺生产制造的壁纸<br>具有一定的防水性，表面污染后，可用干净的海绵或毛巾擦拭<br>施工方便，耐久性强<br>分为涂层壁纸和胶面壁纸两类<br>有较强的质感和较好的透气性，能够较好地抵御油脂和湿气的侵蚀，适合家居中的所有空间 | 100 ~ 400 元 /m$^2$ |
| 无纺布壁纸 | 无纺布壁纸也叫无纺纸壁纸，是高档壁纸的一种，业界称其为"会呼吸的壁纸"<br>主材为无纺布，又称不织布，是由定向的或随机的纤维而构成，拉力很强<br>容易分解，无毒，无刺激性，可循环再利用<br>色彩丰富，款式多样<br>透气性好，不发霉发黄，施工快<br>防潮，透气，柔韧，质轻，不助燃 | 150 ~ 800 元 /m$^2$ |
| 纯纸壁纸 | 是一种全部用纸浆制成的壁纸<br>削除了传统壁纸 PVC 的化学成分，打印面纸采用高分子水性吸墨涂层<br>用水性颜料墨水便可以直接打印，打印图案清晰细腻，色彩还原好<br>颜色生动亮丽，对颜色的表达更加饱满<br>透气性好，并且吸水吸潮、防紫外线<br>耐擦洗性能比无纺布壁纸好很多，比较好打理<br>装饰效果亚光、自然，手感光滑，触感舒适 | 200 ~ 600 元 /m$^2$ |

| 名称 | 特点 | 价格 |
|------|------|------|
| 编织类壁纸 | 以草、麻、木、竹、藤、纸绳等天然材料为主要原料，由手工编织而成的高档壁纸<br>透气，静音，无污染，具有天然感和质朴感<br>不太容易打理，适合人流较少的空间<br>不适合潮湿的环境，受潮后容易发霉 | 150 ~ 1200 元 /m² |
| 木纤维壁纸 | 主要原料都是木浆聚酯合成的纸浆<br>花色较多，适用于各种风格的家居<br>绿色环保，透气性高<br>易清洗，使用寿命长<br>有相当卓越的抗拉伸、抗扯裂强度，是普通壁纸的8 ~ 10 倍 | 1000 ~ 1500 元 /m² |
| 金属壁纸 | 是将金、银、铜、锡、铝等金属，经特殊处理后，制成薄片贴饰于壁纸表面制成的<br>质感强，空间感强，繁富典雅，高贵华丽<br>有两种类型，一种是全部金属面层的款式，比较华丽，构成的线条颇为粗犷奔放，适合适当地做点缀使用，能不露痕迹地带出一种炫目和前卫<br>另一种是局部使用金属的款式，多数为仅花纹部分使用金属层，相较来说较为低调一些，可以大面积的使用 | 50 ~ 1500 元 /m² |
| 植绒壁纸 | 植绒壁纸的底纸是无纺纸、玻纤布，绒毛为尼龙毛和粘胶毛<br>立体感比其他任何壁纸都要出色，绒面带来的图案使表现效果非常独特，能增加壁纸的质感<br>有明显的丝绒质感和手感，质感清晰、柔感细腻、不反光，无异味，不易褪色，密度均匀，牢度稳定，环保<br>具有极佳的消音、防火、耐磨特性<br>相较 PVC 壁纸来说，有不易打理的特性，尤其是劣质的植绒壁纸，沾染污渍后很难清洗，所以应尤其注重质量 | 200 ~ 800 元 /m² |

## 2. 不同种类壁布的市场价格

| 名称 | 特点 | 价格 |
| --- | --- | --- |
| 无纺壁布 | 色彩鲜艳，表面光洁，有弹性，挺括<br>有一定的透气性和防潮性，可擦洗而不褪色<br>不易折断，不易材料老化，无刺激性 | 120 ~ 800 元 /m² |
| 锦缎壁布 | 花纹艳丽多彩，质感光滑细腻<br>不耐潮湿，不耐擦洗<br>透气，吸音 | 300 ~ 1200 元 /m² |
| 刺绣壁布 | 在无纺布底层上，用刺绣将图案呈现出来的一种墙布<br>具有艺术感，非常精美<br>装饰效果极佳，具有品质感和高档感 | 350 ~ 1600 元 /m² |
| 纯棉壁布 | 以纯棉布经过处理、印花、涂层而制作成<br>表面容易起毛，不能擦洗，不适用于潮气较大的环境<br>强度大，静电小，透气，吸音 | 100 ~ 1000 元 /m² |
| 化纤壁布 | 以化纤布为基布，经树脂整理后印制花纹图案<br>新颖美观，无毒无味<br>透气性好，不易褪色，不耐擦洗 | 100 ~ 800 元 /m² |
| 玻璃纤维壁布 | 以中碱玻璃纤维布为基材，表面涂以耐磨树脂，印上彩色图案而成<br>花色品种多，色彩鲜艳，但易断裂老化<br>不易褪色，防火性能好，耐潮性强，可擦洗 | 90 ~ 400 元 /m² |
| 编织壁布 | 天然物纤维编织而成，主要有草织、麻织等<br>其中以麻织壁布质感最朴拙，表面多不染色而呈现本来面貌<br>草编多做染色处理 | 200 ~ 800 元 /m² |

## 3. 掌握壁纸、壁布的鉴别方式，提升材料价值

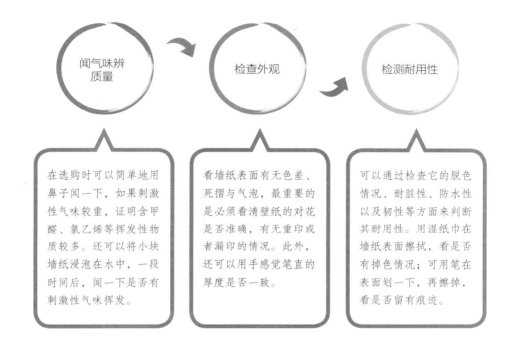

闻气味辨质量 → 检查外观 → 检测耐用性

在选购时可以简单地用鼻子闻一下，如果刺激性气味较重，证明含甲醛、氯乙烯等挥发性物质较多。还可以将小块墙纸浸泡在水中，一段时间后，闻一下是否有刺激性气味挥发。

看墙纸表面有无色差、死褶与气泡，最重要的是必须看清壁纸的对花是否准确，有无重印或者漏印的情况。此外，还可以用手感觉笔直的厚度是否一致。

可以通过检查它的脱色情况、耐脏性、防水性以及韧性等方面来判断其耐用性。用湿纸巾在墙纸表面擦拭，看是否有掉色情况；可用笔在表面划一下，再擦掉，看是否留有痕迹。

## 4. 了解施工方式，避免因疏漏导致返工

### 一定要铲除原墙皮

〇基层的处理是非常重要的，首先应除掉墙面上原有的涂料、壁纸或其他图层。若墙面上有裂缝、坑洞，用石膏粉对这些地方进行添补，平整后贴上绷带；若遇沙灰墙、隔墙，还要满贴玻璃丝布或的确良布；有些质量差的隔墙或外墙要达到保温效果，需满钉石膏板。

### 粘贴时一定要做好对花

〇测量墙顶到踢脚线的高度，然后裁剪壁纸。不对花壁纸依墙面高度加裁 10cm 左右，作上下修边углы；对花壁纸需要考虑图案的对称性，需要 10cm 以上，而且从上部起就应该对花，规划好后裁剪、编号，以便按顺序粘贴。裁好的壁纸一般要在清水中浸泡 10 分钟后才可刷胶。

# 四、涂料

涂料包括很多种类，它是现代家居中离不开的一种墙壁饰面材料，施工比较简单，效果简洁、大气，质感和色彩都很丰富，无论何种风格的家居都适用，同时还有一些具有特殊功效的种类，是经济型家居装修的首选墙面材料。

## 1. 不同种类涂料的市场价格

| 名称 | 特点 | 价格 |
|---|---|---|
| 乳胶漆 | 无污染、无毒、无火灾隐患，易于涂刷、干燥迅速<br>种类很多，适合各种风格的居室<br>漆膜耐水、耐擦洗性好，色彩柔和 | $25 \sim 35$ 元 /m² |
| 硅藻泥 | 原料为海底生成的无机化石，天然、健康、环保<br>表面有天然孔隙，可吸、放湿气，调节室内湿度<br>能过滤空气内的有害物，净化空气，可防火<br>适合追求自然感的家居风格 | $170 \sim 550$ 元 /m² |
| 灰泥涂料 | 原料为石灰岩和矿物质，无挥发物质，具有高透气性<br>有防霉抗菌的功效，可以平衡湿气<br>可直接涂刷于水泥面层，无须批土，可 DIY 涂刷 | $17 \sim 25$ 元 /m² |
| 墙衣 | 是由木质纤维和天然纤维制作而成，能够充分去除材料中的有害物质<br>款式多，伸缩性材料和透气性佳，施工修补方便<br>可以调节室内湿度，水溶性材质清理较麻烦 | $17 \sim 50$ 元 /m² |
| 艺术涂料 | 是一种新型的墙面装饰材料，通过现代高科技工艺进行了处理<br>原料为天然石灰和自然植物纤维，不怕潮湿<br>表面带有凹凸纹路，色彩深浅不一，具有"斑驳感"<br>不含甲醛，无毒，环保<br>具备防水、防尘、阻燃等功能<br>无接缝，可反复擦洗，耐摩擦<br>花纹比较少，但颜色历久弥新<br>适合追求自然感的家居风格 | $200 \sim 380$ 元 /m² |

| 名称 | 特点 | 价格 |
|------|------|------|
| 蛋白涂料 | 成分为白垩土和大理石粉等天然粉料，以蛋白胶为黏着剂<br>可自然分解，无毒无味，加水调和，即可涂刷<br>容易 DIY，喷水即可刮除，具有高透气性，不易返潮 | 15 ~ 35 元 /m² |
| 仿岩涂料 | 水性环保涂料，成分为花岗岩粉末和亚克力树脂，花色较少<br>表面有颗粒，类似天然石材，不易因光线照射而变色 | 40 ~ 60 元 /m² |
| 甲壳素涂料 | 水性环保涂料，主要成分为蟹壳和虾壳，涂刷后表面为颗粒状<br>可吸附室内甲醛和臭味，具有抗菌、防霉的作用<br>非长效，2 ~ 3 年需要重新涂刷一次 | 20 ~ 27 元 /m² |
| 液体壁纸 | 是一种新型艺术涂料，也称壁纸漆，是集壁纸和乳胶漆特点于一身的环保水性涂料<br>有浮雕、立体印花、肌理、植绒、感温变色、感光变色、长效感香等类型<br>黏合剂为无毒、无害的有机胶体<br>具有良好的防潮、抗菌性能，不易生虫、不易老化<br>光泽度好，款式多样，易清洗，不开裂 | 60 ~ 190 元 /m² |
| 木器漆 | 是指用于木制品上的一类树脂漆，有硝基漆、聚酯漆、聚氨酯漆等，可分为水性和油性<br>可使木质材质表面更加光滑，避免木质材质直接性被硬物刮伤或产生划痕<br>有效地防止水分渗入木材内部造成腐烂<br>有效防止阳光直晒木质家具造成干裂<br>适用于各种风格的家具及木地板饰面 | 15 ~ 38 元 /m² |
| 金属漆 | 金属漆的漆膜坚韧、附着力强，具有极强的抗紫外线、耐腐蚀性和高丰满度<br>能全面提高涂层的使用寿命和自洁性<br>金属漆的耐磨性和耐高温性一般<br>在现代风格、欧式风格的家居中得到广泛使用<br>不仅可以广泛应用于经过处理的金属、木材等基材表面，还可以用于墙饰面、浮雕梁柱异型饰面的装饰 | 15 ~ 65 元 /m² |

## 2. 掌握涂料的鉴别方式，提升材料价值

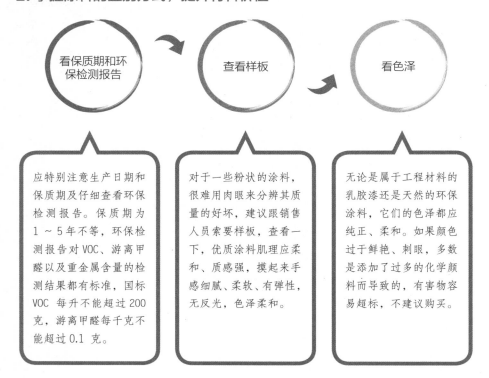

看保质期和环保检测报告

应特别注意生产日期和保质期及仔细查看环保检测报告。保质期为1～5年不等，环保检测报告对VOC、游离甲醛以及重金属含量的检测结果都有标准，国标VOC每升不能超过200克，游离甲醛每千克不能超过0.1克。

查看样板

对于一些粉状的涂料，很难用肉眼来分辨其质量的好坏，建议跟销售人员索要样板，查看一下，优质涂料肌理应柔和、质感强，摸起来手感细腻、柔软、有弹性，无反光，色泽柔和。

看色泽

无论是属于工程材料的乳胶漆还是天然的环保涂料，它们的色泽都应纯正、柔和。如果颜色过于鲜艳、刺眼，多数是添加了过多的化学颜料而导致的，有害物容易超标，不建议购买。

## 3. 了解施工方式，避免因疏漏导致返工

### 基层处理非常重要

○如果是旧房大部分的涂料涂刷前都需把原有基层铲除干净（新房及完好的旧漆层除外）。刮灰前用2m靠尺检查原有基层，如误差超出5mm，需用滑石粉加白水泥或石膏粉找平。第一遍腻子可使用1～1.5m靠尺赶刮，阴阳角必须通过弹墨线来找垂直度及平整度。后一遍腻子应在前一遍腻子完全干后方能施工。

### 底漆、面漆都要刷

○涂料中乳胶漆是分为底漆和面漆的，根据说明书在涂刷底漆之后，用底漆调腻子找补，打磨后方能上面漆。上面漆时，应按实际情况加水搅拌均匀，加水最多不超过20%，太干容易出现刷痕，太多则遮盖力不够。

# 五、玻璃

适合装饰墙面的玻璃主要是各类镜面玻璃以及一些艺术玻璃材料，它们或可以反射影响，模糊空间的虚实界限，扩大空间感，特别是一些光线不足、房间低矮或者梁柱较多无法砸除的户型，使用一些壁面玻璃，可以加强视觉的纵深，制造宽敞的效果；或可以增添艺术感，为家居空间提升品质感和细节美。玻璃面积越大施工越麻烦工费也就越高，所以可以采取小面积的方式来设计，安全性高又可节约资金。

## 1. 不同种类玻璃的市场价格

| 名称 | 特点 | 价格 |
|------|------|------|
| 灰镜 | 适合搭配金属材料结合使用<br>可以大面积使用<br>具有冷冽、都市的感觉 | ≥ 260 元 /m² |
| 茶镜 | 具有温暖、复古的感觉<br>色泽柔和、高雅<br>适合搭配木纹饰面板进行装修 | ≥ 280 元 /m² |
| 黑镜 | 黑镜非常个性，色泽神秘、冷硬<br>不建议单独大面积使用<br>可单独小面积使用，或搭配其他材质一起组合使用 | ≥ 280 元 /m² |
| 超白镜 | 白色镜面，高反射度<br>能从视觉上扩大空间，彰显宽敞、明亮的感觉<br>不会改变反射物品的原始色调 | ≥ 260 元 /m² |
| 彩镜 | 包括有红镜、紫镜、酒红镜、蓝镜、金镜等<br>反射弱，可做点缀局部使用 | ≥ 280 元 /m² |
| 烤漆玻璃 | 工艺手法多样，包括喷涂、滚涂、丝网印刷、淋涂等<br>耐水性，耐酸碱性强<br>使用环保涂料制作，环保、安全<br>抗紫外线，抗颜色老化性强，色彩的选择性强 | ≥ 300 元 /m² |

## 2. 不同种类艺术玻璃的市场价格

| 名称 | 特点 | 价格 |
|---|---|---|
| 彩绘玻璃 | 是用特殊颜料直接着墨于玻璃上，或者在玻璃上喷雕出各种图案再加上色彩制成的<br>可逼真地对原画复制，画膜附着力强，可进行擦洗<br>可将绘画、色彩、灯光融于一体<br>可将大自然的生机与活力剪裁入室，图案丰富亮丽 | $280 \sim 420$ 元 /m² |
| 琉璃玻璃 | 将玻璃烧溶加入各种颜色，在模具中冷却成型制成的<br>面积都很小，价格较高<br>色彩鲜艳、装饰效果强<br>具有别具一格的造型、丰富亮丽的图案和灵活变幻的纹路 | $500 \sim 5500$ 元 /m² |
| 雕刻玻璃 | 在玻璃上雕刻各种图案和文字，最深可以雕入玻璃的 1/2 处<br>分为通透的和不透两种类型<br>立体感较强，工艺精湛 | $180 \sim 340$ 元 /m² |
| 冰花玻璃 | 是一种利用平板玻璃经特殊处理形成具不自然冰花纹理的玻璃<br>有着良好的透光性能，具有较好的装饰效果<br>可用无色平板玻璃制造，也可用茶色、蓝色、绿色等彩色玻璃制造 | $150 \sim 320$ 元 /m² |
| 压花玻璃 | 又称花纹玻璃和滚花玻璃，表面有花纹图案，可透光，但却能遮挡视线<br>有优良的装饰效果，透视性因距离、花纹的不同而各异 | $190 \sim 350$ 元 /m² |
| 镶嵌玻璃 | 是利用各种金属嵌条、中空玻璃密封胶等材料将钢化玻璃、浮法玻璃和彩色玻璃经过一系列工艺制造成的高档艺术玻璃<br>能体现家居空间的变化，是装饰玻璃中最具随意性的一种 | $350 \sim 800$ 元 /m² |

## 3. 掌握玻璃的鉴别方式，提升材料价值

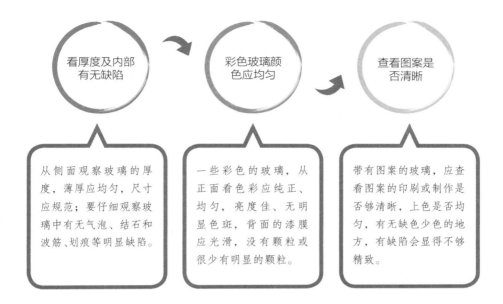

从侧面观察玻璃的厚度，薄厚应均匀，尺寸应规范；要仔细观察玻璃中有无气泡、结石和波筋、划痕等明显缺陷。

一些彩色的玻璃，从正面看色彩应纯正、均匀，亮度佳、无明显色斑，背面的漆膜应光滑，没有颗粒或很少有明显的颗粒。

带有图案的玻璃，应查看图案的印刷或制作是否够清晰，上色是否均匀，有无缺色少色的地方，有缺陷会显得不够精致。

## 4. 了解施工方式，避免因疏漏导致返工

### 根据玻璃面积选择安装方式

○小面积的玻璃可以采取胶粘的方式来固定，而当玻璃墙的面积较大、玻璃较重的时候，就需要采用一定的固定件将其安装在基层板上来固定，以保证安装的效果和安全性，这点需要特别注意。

### 固定玻璃的步骤

○玻璃的固定步骤可总结为清理基层→钉木龙骨架→钉衬板→固定玻璃。首先在玻璃上钻孔，用镀铬螺钉、铜螺钉把玻璃固定在木骨架和衬板上；而后用硬木、塑料、金属等材料的压条压住玻璃；最后用环氧树脂把玻璃粘在衬板上。

# 六、文化石

文化石是一种以水泥掺砂石等材料，灌入磨具形成的人造石材。文化石吸引人的特点是色泽纹路能保持自然原始的风貌，加上色泽调配变化，能将石材质感的内涵与艺术性展现无遗，符合回归自然的文化理念，因此称这类石材为"文化石"。当大面积的使用时，可以选择价格低一些的款式，能节约不少资金。

## 1. 不同种类文化石的市场价格

| 名称 | 特点 | 价格 |
|---|---|---|
| 城堡石 | 外形仿照古时城堡外墙形态和质感，排列多没有规则<br>有方形和不规律形两种类型<br>颜色深浅不一，多为棕色和黄色两种色彩 | ≥ 200 元 /m² |
| 层岩石 | 是最为常见的一款文化石<br>仿岩石石片堆积形成的层片感，排列较规则<br>有灰色、棕色、米白色等颜色 | ≥ 200 元 /m² |
| 仿砖石 | 仿照砖石的质感以及样式<br>颜色有红色、土黄色、暗红色等<br>排列规律、有秩序，具有砖墙效果 | ≥ 180 元 /m² |
| 乱石 | 模仿天然毛石片的质感，排列没有规则<br>表面凹凸不平，多有历经沧桑的感觉<br>有棕色、灰色和藕色等颜色 | ≥ 300 元 /m² |
| 鹅卵石 | 仿造鹅卵石的质感及样式，排列多没有规则<br>有鹅卵石片和鹅卵石两种样式<br>有棕色、灰色等颜色 | ≥ 200 元 /m² |
| 转角石 | 用在转角处的文化石，分为仿砖和仿石材两种类型<br>色彩较多，主要是用来搭配其他文化石使用的<br>可以使有转角的地方过渡的更自然 | ≥ 180 元 /m² |

## 2. 掌握文化石的鉴别方式，提升材料价值

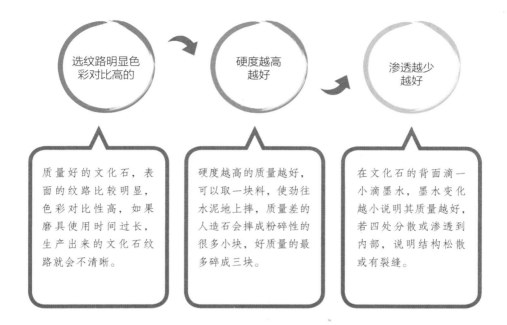

选纹路明显色彩对比高的

硬度越高越好

渗透越少越好

质量好的文化石，表面的纹路比较明显，色彩对比性高，如果磨具使用时间过长，生产出来的文化石纹路就会不清晰。

硬度越高的质量越好，可以取一块料，使劲往水泥地上摔，质量差的人造石会摔成粉碎性的很多小块，好质量的最多碎成三块。

在文化石的背面滴一小滴墨水，墨水变化越小说明其质量越好，若四处分散或渗透到内部，说明结构松散或有裂缝。

### ③了解施工方式，避免因疏漏导致返工

**基层要做好处理**

○文化石的施工相对来说是比较简单的，所以基层的处理是非常重要的。首先墙面需要弄成粗糙的面，毛坯的感觉最好，弱势木质地层，则需要先加一层铁丝网，这样做能够增加水泥的抓力，使文化石粘贴的更为牢固。

**留缝与否可根据款式决定**

○文化石的拼贴方式可分为密贴和留缝两类，但并不是所有的款式都需要留缝，仿层岩石的文化石，适合以密贴的方式铺贴，且底浆不宜过厚，而如仿砖石和一些不规则的款式，为了突显其模仿的真实感，则需要留一定的缝隙。

# 地面材料

　　地面是家居空间中的三大界面之一，相比较来说，由于视觉角度的关系，它的色彩和质感比顶面要更引人注意一些。常用的地面材料有地砖和地板两个大的类型，选择适合的地面材料，宜从居室的面积、家居风格以及实用性等角度来综合考虑，总的来说，除了一些非常华丽、面积很大的户型外，地面不建议设计得过于花哨，利落、大气且有质感即可。

## 一、地砖

　　地砖的原材料多由粘土、石英砂等混合而成，其种类多样，花色繁多，除了可模仿石材的纹理和质感外，还有很多创新的花样，好的地砖不仅打理方便，使用寿命也很长，免去了清扫的困扰，也避免了因损坏更换而产生的费用，从长远的角度来看，选购稍贵一些但质量好的地砖，也是一种节约的方式。

### 1. 不同种类地砖的市场价格

| 名称 | 特点 | 价格 |
|---|---|---|
| 玻化砖 | 又称瓷质抛光砖，属于通体砖的一种，是瓷砖中最硬的一种，又被称作"地砖之王"<br>吸水率较低，硬度较高，耐酸碱<br>由于玻化砖经过打磨，毛气孔较大，易吸收灰尘和油烟，所以不适合用于厕所和厨房 | $50 \sim 500$ 元 /m² |
| 仿石材砖 | 仿石材砖带有砖石的纹理<br>没有天然石材的色差问题，物理性能高出天然石材很多<br>细孔小，吸水率低，不容易污染，容易保养和清洁 | $150 \sim 520$ 元 /m² |

| 名称 | 特点 | 价格 |
|---|---|---|
| 仿古砖 | 仿古砖可以说是抛光砖和瓷片的合体<br>通过样式、颜色、图案，营造出怀旧的氛围<br>品种、花色较多，规格齐全，耐磨、防滑 | 75 ~ 550 元 /m² |
| 马赛克 | 又称锦砖或纸皮砖，是墙面的通用材料<br>款式多样，装饰效果突出<br>常用的材料有玻璃、金属、陶瓷、贝壳、夜光等 | 90 ~ 2500 元 /m² |
| 釉面砖 | 色彩图案丰富、规格多<br>防渗，可无缝拼接、任意造型<br>韧度非常好，基本不会发生断裂现象<br>主要用于厨房、卫浴等空间的地面和墙面 | 40 ~ 500 元 /m² |
| 全抛釉瓷砖 | 花纹出色，造型华丽，色彩丰富，富有层次感<br>防污染能力较弱，表面材质薄，易刮花划伤，易变形<br>客厅、卧室、书房、过道的墙地面都非常适合 | 120 ~ 450 元 /m² |
| 木纹砖 | 表面具有天然木材纹理装饰效果<br>纹路逼真、自然朴实，线条明快，图案清晰<br>没有木地板褪色、不耐磨等缺点，易保养 | 90 ~ 120 元 /m² |
| 皮纹砖 | 表面仿动物皮纹的瓷砖，克服了瓷砖坚硬、冰冷的触感，从视觉和触觉上可以体验到皮的质感<br>具有凹凸的纹理和柔和的质感，有着皮革质感与肌理和皮革制品的缝线、收口、磨边的特征 | 300 ~ 500 元 /m² |
| 板岩砖 | 具有类似天然板岩的纹理，装饰效果非常粗犷<br>颜色分布比天然板岩更均匀，硬度有所提高，不容易破裂<br>耐磨损、耐酸碱，不怕清洁剂，可用在卫浴空间中 | 50 ~ 400 元 /m² |

## 2. 掌握地砖的鉴别方式，提升材料价值

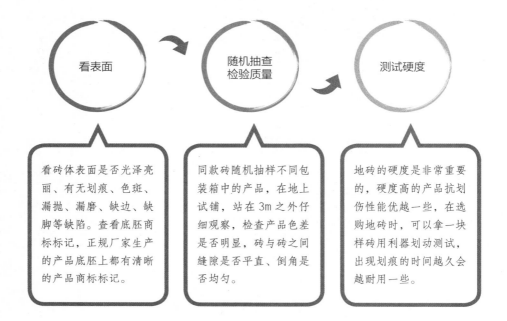

看砖体表面是否光泽亮丽、有无划痕、色斑、漏抛、漏磨、缺边、缺脚等缺陷。查看底胚商标标记，正规厂家生产的产品底胚上都有清晰的产品商标标记。

同款砖随机抽样不同包装箱中的产品，在地上试铺，站在3m之外仔细观察，检查产品色差是否明显，砖与砖之间缝隙是否平直、倒角是否均匀。

地砖的硬度是非常重要的，硬度高的产品抗划伤性能优越一些，在选购地砖时，可以拿一块样砖用利器划动测试，出现划痕的时间越久会越耐用一些。

## 3. 了解施工方式，避免因疏漏导致返工

### 正式铺设前建议进行一次试排

○根据设计图纸或者设计要求，找出地砖颜色、花纹等试拼编号，选出存在缺陷的地砖，及时与商家进行调换，如果不进行试铺就直接铺设，泡水处理后的砖无法进行退货，会造成一定的资金损失。

### 卫浴、厨房地面应倾斜，其他空间应平整

○基层的平整度对于地砖的铺设来说是至关重要的，厨房和卫浴因为有水渍，需要安装地漏，所以地面应向地漏口倾斜，使水顺利排出；而其他空间基层应平整，才能减少地砖铺设后出现不平、空鼓等现象。

# 二、地板

随着人们对生活要求的不断提高，地板出现了越来越多的品种，不仅有实木地板，还出现了实木复合地板、强化地板、软木地板等，其中有的耐磨性能和打理方式甚至可以与地砖媲美。地板质感温润、脚感舒适，比起冷硬的瓷砖和大理石来说，更温馨。地板的价格非常透明，可以根据预算和需求来具体选择，性能和效果都比较好的，价格就比较贵一些，只注重某方面性能的，价格就低一些。

## 1. 不同种类实木地板的市场价格

| 名称 | 特点 | 价格 |
|---|---|---|
| 柚木地板 | 重量中等，不易变形，防水、很耐腐，稳定性好<br>含有极重的油质，这种油质使之保持不变形，且带有一种特别的香味，能驱蛇、虫、鼠、蚁<br>刨光面颜色通过光合作用氧化而成金黄色，颜色会随时间的延长而更加美丽 | ≥ 800 元 /m² |
| 樱桃木地板 | 色泽高雅，带有温暖的感觉，可装潢出高贵感<br>硬度低，强度中等，耐冲击载荷<br>稳定性好，耐久性高 | ≥ 800 元 /m² |
| 黑胡桃地板 | 呈浅黑褐色带紫色，色泽较暗<br>结构均匀，稳定性好，容易加工，强度大，结构细<br>耐腐，耐磨，干缩率小 | ≥ 700 元 /m² |
| 桃花芯木地板 | 木质坚硬、轻巧，结构坚固，易加工<br>色泽温润、大气，木花纹绚丽、漂亮、变化丰富<br>密度中等，稳定性高，干缩率小，强度适中 | ≥ 900 元 /m² |
| 小叶相思木地板 | 木材细腻、密度高，呈黑褐色或巧克力色<br>结构均匀，强度及抗冲击韧性好，很耐腐<br>生长轮明显且自然，形成独特的自然纹理，高贵典雅<br>稳定性好，韧性强，耐腐蚀，干缩率小 | ≥ 400 元 /m² |

续表

| 名称 | 特点 | 价格 |
|------|------|------|
| 圆盘豆木地板 | 颜色比较深，分量重，密度大，抗击打能力强<br>在中档实木地板中，稳定性能是比较好的<br>脚感比较硬，不适合有老人或小孩的家庭使用<br>使用寿命较长，相对来说保养也很简单 | ≥ 600 元 /m² |

## 2. 不同种类复合地板的市场价格

| 名称 | 特点 | 价格 |
|------|------|------|
| 实木复合地板 | 耐磨、耐热、耐冲击，阻燃、防霉、防蛀，隔音、保温，不易变形，铺设方便<br>种类丰富，适合多种风格的家居使用，但不适合潮湿的空间 | 150 ~ 320 元 /m² |
| 强化地板 | 耐磨，安装简单，阻燃、耐污染、耐腐蚀能力强，抗压、抗冲击性能好<br>款式、花色多样，不需要打蜡，日常护理简单 | 90 ~ 260 元 /m² |
| 软木地板 | 被称为是"地板的金字塔尖上的消费"，主要材质是橡树的树皮<br>与实木地板相比更具环保性、隔音性，防潮效果更佳<br>具有弹性和韧性，能够产生缓冲，降低摔倒后的伤害程度 | 300 ~ 1200 元 /m² |
| 竹地板 | 有竹子的天然纹理，清新文雅，给人一种回归自然、高雅脱俗的感觉<br>兼具有原木地板的自然美感和陶瓷地砖的坚固耐用<br>耐磨、耐压、防潮、防火<br>铺设后不开裂、不扭曲、不变形起拱 | 200 ~ 600 元 /m² |
| 超耐磨地板 | 低甲醛，好清理，易保养，防虫，环保<br>不易有色差，拆卸容易、不会破坏原有地板<br>与其他地板相比最大的特点是耐磨系数非常高，好打理，但是怕潮湿，不适合潮湿环境 | 170 ~ 350 元 /m² |

## 3. 掌握地板的鉴别方式，提升材料价值

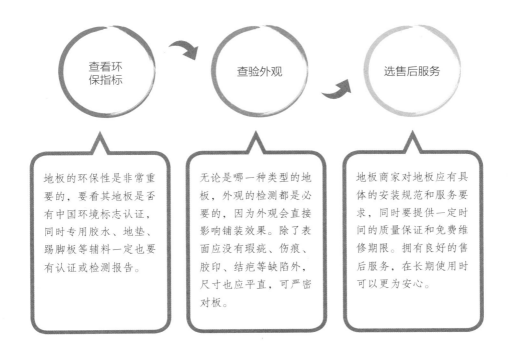

查看环保指标

查验外观

选售后服务

地板的环保性是非常重要的，要看其地板是否有中国环境标志认证，同时专用胶水、地垫、踢脚板等辅料一定也要有认证或检测报告。

无论是哪一种类型的地板，外观的检测都是必要的，因为外观会直接影响铺装效果。除了表面应没有瑕疵、伤痕、胶印、结疤等缺陷外，尺寸也应平直，可严密对板。

地板商家对地板应有具体的安装规范和服务要求，同时要提供一定时间的质量保证和免费维修期限。拥有良好的售后服务，在长期使用时可以更为安心。

## 4. 了解施工方式，避免因疏漏导致返工

### 地面基层应平整

○基层地面要求平整、干燥、干净；注意检查地面湿度，若是矿物质材料的地面，其相对湿度应小于60%；检查地面平整度，这个步骤对一些厚度薄的地板来说非常重要，一般来说，平整度要求地面高低差不大于 $3mm/m^2$。

### 四周应预留一定距离的伸缩缝

○大多数地板板材都会出现热胀冷缩的现象，所以铺设时要留伸缩缝，且要留得足够大。伸缩缝有两处，一是地板与墙面间，大约8～12mm，另一个伸缩缝是板材间的留缝，大小视不同的底材而不同。

# 顶面材料

恰当的顶面造型设计能够起到提升家居整体档次的作用，好的造型要依靠材料才能够实现，常用的吊顶材料有石膏板和铝扣板，石膏板有很多不同的种类，所以除了适用于干燥区域外，厨卫空间中也可以使用，而铝扣板则适合用来装饰厨卫或阳台。

## 一、纸面石膏板

纸面石膏板是以建筑石膏和护面纸为主要原料，掺加适量纤维、淀粉、促凝剂、发泡剂和水等制成的轻质建筑薄板。它具有轻质、防火、加工性能良好等优点，而且施工方便，装饰效果好。除了用于顶面，还可用来制作非承重的隔墙。不同种类石膏板的价格相差不多，所以做吊顶时，主要的价格差来自于用量和人工费的差距。

### 1. 不同种类纸面石膏板的市场价格

| 名称 | 特点 | 价格 |
|---|---|---|
| 普通板 | 最经济和常见的品种，适用于无特殊要求的场所<br>可塑性很强，易加工<br>板块之间通过接缝处理可形成无缝对接<br>面层非常容易装饰，且可搭多种材料组合 | 30 ~ 105 元 / 张 |
| 防火板 | 采用不燃石膏芯混合了玻璃纤维及其他添加剂<br>具有极佳的耐火性能 | 55 ~ 105 元 / 张 |
| 防水板 | 具有一定的防水性能，板吸水率为 5%<br>防潮，适用于潮湿空间 | 55 ~ 105 元 / 张 |
| 浮雕板 | 在石膏板表面进行压花处理而形成<br>能令空间更加高大、立体<br>可根据具体情况定制 | 85 ~ 135 元 / 张 |

续表

| 名称 | 特点 | 价格 |
|------|------|------|
| 穿孔板 | 以特制高强纸面石膏板为基板<br>采用特殊工艺，表面粘压优质贴膜后穿孔而成<br>施工简单快捷，无须二次装饰 | 40 ～ 105 元 / 张 |

## 2. 掌握纸面石膏板的鉴别方式，提升材料价值

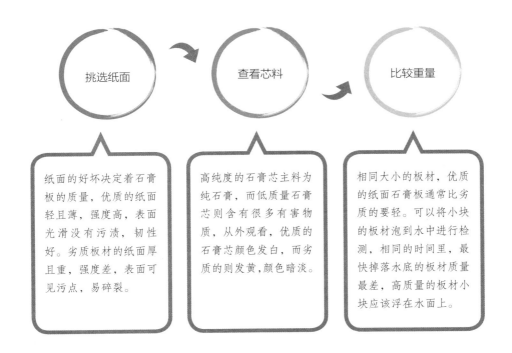

挑选纸面

查看芯料

比较重量

纸面的好坏决定着石膏板的质量，优质的纸面轻且薄，强度高，表面光滑没有污渍，韧性好。劣质板材的纸面厚且重，强度差，表面可见污点，易碎裂。

高纯度的石膏芯主料为纯石膏，而低质量石膏芯则含有很多有害物质，从外观看，优质的石膏芯颜色发白，而劣质的则发黄，颜色暗淡。

相同大小的板材，优质的纸面石膏板通常比劣质的要轻。可以将小块的板材泡到水中进行检测，相同的时间里，最快掉落水底的板材质量最差，高质量的板材小块应该浮在水面上。

## 3. 了解施工方式，避免因疏漏导致返工

### 石膏板间应留有缝隙

○对石膏板进行施工时，面层拼缝要留 3mm 的缝隙，且要双边坡口，不要垂直切口，这样可以为板材的伸缩留下余地，避免变形、开裂。纸面石膏板必须在无应力状态下进行安装，要防止强行就位。安装时用木作临时支撑，并使板与骨架压紧，待螺钉固定完后，才可撤出支撑。安装固定板时，应从板中间向四边固定，不可以多点同时作业，固定完一张后，再按顺序安装固定另一张。

# 二、铝扣板

铝扣板是以铝合金板材为基底，通过开料、剪角、模压成型而得到的，表面使用各种不同的涂层加工得到各种花样的产品，花纹样式比较丰富。它以板面花式、使用寿命、板面优势等代替了曾经使用量很大的 PVC 扣板。由于其具有防水、不渗水的特性，是卫浴、厨房吊顶的主要材料，它的价格差距主要来自于表面的纹理处理以及板材性能。

## 1. 不同种类铝扣板的市场价格

| 名称 | 特点 | 价格 |
|---|---|---|
| 覆膜板 | 无起皱、划伤、脱落、漏贴现象<br>花纹种类多，色彩丰富<br>耐气候性、耐腐蚀性、耐化学性强<br>防紫外线，抗油烟，但易变色 | 45 ~ 60 元 /m² |
| 滚涂板 | 表面均匀、光滑<br>无漏涂、缩孔、划伤、脱落等<br>耐高温性能佳，防紫外线<br>耐酸碱、耐防腐性强 | 55 ~ 150 元 /m² |
| 拉丝板 | 平整度高，板材纯正<br>有平面、双线、正点三种造型<br>板面定型效果好，色泽光亮<br>具有防腐、吸音、隔音性能 | 75 ~ 150 元 /m² |
| 纳米技术方板 | 图层光滑细腻<br>板面色彩均匀细腻、柔和亮丽<br>缩油，易清洁，不易划伤变色 | 150 ~ 450 元 /m² |
| 阳极氧化板 | 耐腐蚀性、耐磨性及硬度增强<br>不吸尘、不沾油烟<br>一次成型，尺寸精准、安装平整度更高<br>使用寿命更长，20 年不掉色 | 180 ~ 500 元 /m² |

## 2. 掌握铝扣板的鉴别方式，提升材料价值

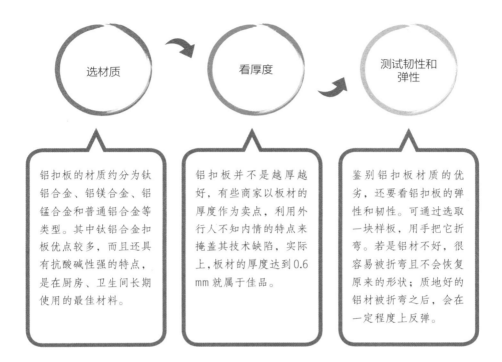

选材质

看厚度

测试韧性和弹性

铝扣板的材质约分为钛铝合金、铝镁合金、铝锰合金和普通铝合金等类型。其中钛铝合金扣板优点较多，而且还具有抗酸碱性强的特点，是在厨房、卫生间长期使用的最佳材料。

铝扣板并不是越厚越好，有些商家以板材的厚度作为卖点，利用外行人不知内情的特点来掩盖其技术缺陷，实际上，板材的厚度达到0.6 mm就属于佳品。

鉴别铝扣板材质的优劣，还要看铝扣板的弹性和韧性。可通过选取一块样板，用手把它折弯。若是铝材不好，很容易被折弯且不会恢复原来的形状；质地好的铝材被折弯之后，会在一定程度上反弹。

## 3. 了解施工方式，避免因疏漏导致返工

### 先弹线找平而后再安装

○铝扣板吊顶安装流程主要有：弹线→安装主龙骨吊杆→安装主龙骨→安装次龙骨→安装边铝条→安装铝扣板→安装灯具及通风口，其中弹线是一个很关键的步骤，铝扣板是用轻钢龙骨来固定的，找平准确才能够保证龙骨底部齐平，板材安装后才能平直、效果好，可以重点监督这个步骤。

### 先核验面板再开工

○在开始进行安装面板之前，建议先对板面进行检查，如果是带有特别花纹设计的款式，可以在地面先进行一下试排，查验一下是否存在有损伤或设计不正确的板面，及时更换，如果施工完毕再发现，很难界定责任，容易造成损失。

# 门窗

　　门和窗都是室内空间的防护罩，如果门的质量不好，会受到变形的困扰，为使用带来不便；窗子如果闭合不严，杂音会很多，易受外界噪音困扰，刮风的时候还会有很多灰尘进入到室内空间中，污染室内的环境。通常来说，新房的窗是比较有质量保证的，如果是二手房，建议装修门窗部分的钱不要节省，选择质量好的款式不仅美观也更安全。

## 一、门

　　门的种类包括了实木门、实木复合门、模压门、玻璃推拉门及折叠门几种，都是家居中比较常用的款式。门的使用频率很高，如果只考虑价格低而挑选，使用时可能会面临变形、掉皮等诸多困扰，如果想在门上节约资金，不要只看价格，可以挑选造型比较简单但质量过硬的款式，比起质量相同但造型复杂的款式来说要便宜很多。

### 1. 不同种类门的市场价格

| 名称 | 特点 | 价格 |
|---|---|---|
| 实木门 | 实木门是指制作木门的材料是取自森林的天然原木或者实木集成材<br>所选用的多是名贵木材，经加工后的成品门具有不变形、耐腐蚀、无裂纹及隔热保温等特点<br>可以为家居带来典雅、高级的感觉，十分适合欧式古典风格和中式古典风格的家居设计 | ≥ 2500 元 / 樘 |
| 实木复合门 | 充分利用了各种材质的优良特性，避免采用成本较高的珍贵木材，有效地降低了生产成本<br>除了良好的视觉效果外，还具有隔音、隔热、强度高、耐久性好等特点<br>造型、色彩多样，适用于任何家居风格 | ≥ 1600 元 / 樘 |

| 名称 | 特点 | 价格 |
|---|---|---|
| 模压门 | 价格低，却具有防潮、膨胀系数小、抗变形的特性<br>不容易出现表面龟裂和氧化变色等现象<br>门板内为空心，隔音效果相对实木门较差<br>门身轻，没有手感，档次低<br>比较适合现代风格和简约风格的家居 | ≥ 800 元 / 樘 |
| 玻璃推拉门 | 根据使用玻璃品种的不同，玻璃推拉门可以起到分隔空间、遮挡视线、适当隔音、增加私密性、增加空间使用弹性等作用，它在简约、现代风格的空间中较常见 | ≥ 200 元 /m² |
| 折叠门 | 采用铝合金做框架，推拉方便，可以完全开敞或合拢，能够有效的节省空间使用面积 | 1000 ~ 3500 元 /m² |

## 2. 掌握门的鉴别方式，提升材料价值

**实木门的挑选**
○触摸感受实木门漆膜的丰满度，漆膜丰满说明油漆的质量好，对木材的封闭好；可以从门斜侧方的反光角度，看表面的漆膜是否平整，有无橘皮现象，有无凸起的细小颗粒。然后看实木门表面的平整度，如果实木门表面平整度不够，说明选用的是比较廉价的板材。

**实木复合门的挑选**
○在选购实木复合门时，要注意查看门扇内的填充物是否饱满。观看实木复合门边刨修的木条与内框连接是否牢固，装饰面板与门框粘结应牢固，无翘边和裂缝。实木复合门板面应平整、洁净、无节疤、无虫眼、无裂纹及腐斑，木纹应清晰，纹理应美观。

**模压门的挑选**
○量好的模压门边角应均匀、无多余的角料、没有空隙，触摸表面不应有颗粒状的凹凸。使用的胶水一定要环保，不好的胶水容易造成模压门的膜皮起泡、脱落、卷边，可以用手指甲用点力抠一下 PVC 膜与板材粘压的部分，做工好的模压门不会出现稍微一用力就会抠下来的现象。

> **玻璃推拉门和折叠门的挑选**
>
> ○玻璃推拉门和折叠门的密封性很重要，重点观察门关闭后四周和中间的密封是否严密。之后查看底轮质量，只有具备超大承重能力的底轮才能保证良好的滑动效果和超常的使用寿命。承重能力较小的底轮一般只适合做一些尺寸较小且门板较薄的玻璃门。

## 二、窗

家居中使用的窗主要包括了百叶窗、气密窗和广角窗三种类型，其中百叶窗是用在内部的一种用来遮挡光线的一种窗，不能单独使用，外侧仍需要搭配建筑窗。气密窗和广角窗属于建筑窗，可以直接使用，选择时，可根据安装部位的宽度和建筑结构挑选适合的类型。

### 1. 不同种类窗的市场价格

| 名称 | 特点 | 价格 |
| --- | --- | --- |
| 百叶窗 | 百叶窗区比百叶帘宽，用于室内的遮阳、通风<br>它以叶片的凹凸方向来阻挡外界视线，采光的同时，阻挡了由上至下的外界视线<br>美观节能，简洁利落<br>可完全收起，使窗外景色一览无余<br>既能够透光又能够保证室内的隐私性，开合方便<br>很适合大面积的窗户 | 45 ~ 60 元 /m² |
| 气密窗 | 气密窗具有很强的水密性、气密性及强度<br>水密性是指遇到吹着含雨的风时，能防止雨水侵入的性能<br>气密性与隔音有直接的关系，气密性越高，隔音效果越好<br>气密窗的玻璃分为单层平板玻璃、胶合安全玻璃和双层玻璃三种，其中胶合玻璃的隔音效果最佳 | 55 ~ 150 元 /m² |
| 广角窗 | 广角窗的造型多样，有六角窗、八角窗、三角窗等多边形，圆形窗也可列入其中<br>能够扩展视野角度、采光佳<br>气密性佳，隔音效果佳，具有很强的防盗功能<br>可开启的部分越多，价格越高 | 75 ~ 150 元 /m² |

## 2. 掌握窗的鉴别方式，提升材料价值

| | |
|---|---|
| **百叶窗的挑选** | ○选购百叶窗时，先触摸一下百叶窗窗棂片是否平滑均匀，看看每一个叶片是否起毛边。看看百叶窗的平整度与均匀度，看看各个叶片之间的缝隙是否一致及叶片是否存在掉色、脱色或明显的色差。 |
| **气密窗的挑选** | ○气密窗的质量好坏，很难直接看出来，可向厂家索要出厂证及试验报告来了解水密性、气密性等各项数值。同时要注意询问售后等相关问题，避免后顾之忧。 |
| **广角窗的挑选** | ○在选择广角窗时，除了美观条件外，结构设计、表面处理、气密性、强度、双层玻璃、不锈钢、是否一体成型等都应注意。同时还应请厂家出具防雾保证，目前最高可保 15 年。 |

## 3. 了解施工方式，避免因疏漏导致返工

### 安装百叶窗要注意距离

○百叶窗有暗装和明装两种安装方式。暗装在窗棂格中的百叶窗，其长度应与窗户高度相同，宽度却要比窗户左右各缩小 1 ~ 2cm。若明装，则长度应比窗户高度长 10cm 左右，宽度比窗户两边各宽 5cm 左右，以保证其具有良好的遮光效果。

### 气密窗和广角窗安装前需做好检查

○气密窗和广角窗是需要定制的，购买时看不到成品，在送达施工现场时，首先要检查窗框是否正常、有无变形弯曲现象，避免影响安装品质。安装时应在墙上标出水平线和垂直线，以此为定位基准，不同窗框的上下左右应对应。安装完成后以水泥填缝，窗框四周应做防水处理，确认无任何缝隙，以免日后产生漏水问题。

# 三、门五金

门的开合频率非常高，负责开合工作的主要是五金，五金件虽然小但作用却不可忽视，这部分钱是不建议节省的，如果买了质量差的五金，不仅面临总需要更换的烦恼，还容易发生危险，实际上更换多次便宜的五金，价格可能还会高于一次购买优等五金的价格。

## 1. 不同种类门五金的市场价格

| 名称 | 特点 | 价格 |
|---|---|---|
| 门锁 | 门锁可以为家居提供安全保障，只要带门的空间，都需要安装门锁<br>分为球形门锁、三杆式执手锁和插芯执手锁三种类型<br>球形门锁造价低；可安装在木门、钢门、铝合金门及塑料门上<br>三杆式执手锁制作工艺相对简单，造价低；适合安装在木门上，儿童、年长者使用特别方便<br>插芯执手锁分为分体锁和连体锁，品相多样；产品材质较多；产品安全性较好，常用于入户门和房间门上 | 低档 30 ~ 50 元 / 个<br>中档 100 ~ 300 元 / 个<br>高档 300 ~ 1000 元 / 个 |
| 门把手 | 门把手可以分为圆头把手、水平把手和推拉式把手三种<br>圆头门把手开关门有声音，旋转式开门，价格最便宜，容易坏，不适合用在大门上<br>水平门把手开门有声音，下压式开门，造型比较多，价格因造型的复杂程度而变<br>推拉式门把手开门有声音，向外平拉开门，带有内嵌式铰链，国内生产的价格较低，进口的较贵 | 低档 60 ~ 90 元 / 个<br>中档 300 ~ 600 元 / 个<br>高档 600 ~ 8000 元 / 个 |
| 门吸 | 门吸的主要作用是用于门的制动，防止其与墙体、家具发生碰撞而产生破坏，同时可以防止门被大的对流空气吹动而对门和相关部位造成伤害<br>只要安装门的位置，都应安装门吸 | ≥ 5 元 / 个 |

## 2. 掌握门五金的鉴别方式，提升材料价值

选大品牌

选材质

选择品牌产品。这并不是迷信，品牌产品从选材、设计到加工、质检都足够严格，生产的产品能够保证质量且有完善的售后服务，是十分必要的。

市场上的五金可分为不锈钢、铜、锌合金、铁钢等。不锈钢的强度好、耐腐蚀性强、颜色不变，是最佳的造锁材料；铜比较通用，机械性能优越，价格也比较贵；高品质锌合金坚固耐磨，防腐蚀能力非常强，容易成型，一般用来制造中档锁。

## 3. 了解施工方式，避免因疏漏导致返工

### 安装门吸距离是关键

○门吸只有安装得正确才能起到其应有的作用，距离是关键。两点成直线，是确认门吸和开门的角度最好的方式。首先用铅笔在地砖上画线确认门的位置，以及确认门开的最大位置，最终确认门吸的最后安装位置。安装在门上的门端只要用螺钉拧紧即可，最重要的是门端的定位，方法是先将门打开至最大，然后找到固定端与门接触的准确位置，用螺钉拧紧门吸门端。

# 橱柜

　　市面上出售的橱柜价格五花八门，主要的原因是质量有差距，实际上生产机器、环境、工序、材料等因素是造成价格差距的主要原因，大的厂家生产的产品质检就可能有十几道，所以价格高也是合理的。从橱柜的表面很难看出价格的差距，因此建议选购品牌知名度高的橱柜产品，其有效容积、环保认证、设计理念、售后服务相对来说较为有保障，使用时间也会更长，折算后再来综合比较，这种橱柜更省钱。

## 1. 不同种类橱柜材料的市场价格

| 名称 | 特点 | 价格 |
|---|---|---|
| 实木橱柜 | 具有温暖的原木质感、纹理自然，名贵树种有升值潜力<br>天然环保，坚固耐用，价格较昂贵<br>养护麻烦，对使用环境的温度和湿度有要求 | 1800 ~ 4000 元 /m |
| 烤漆橱柜 | 色泽鲜艳、易于造型，有很强的视觉冲击力<br>防水性能极佳，抗污能力强，易清理<br>怕磕碰和划痕 | 1500 ~ 2100 元 /m |
| 模压板橱柜 | 色彩丰富，木纹逼真，单色色度纯艳，不易开裂<br>不需要封边，解决了封边时间长后可能会开胶的问题<br>不能长时间接触或靠近高温物体，烟头的温度会灼伤板材表面薄膜<br>主体不能太长、太大，否则容易变形 | 1350 ~ 1600 元 /m |
| 镜面树脂橱柜 | 属性与烤漆门板类似<br>效果时尚、色彩丰富<br>防水性好，不耐磨、容易刮花，耐高温性不佳 | 1350 ~ 1900 元 /m |

## 2. 不同种类橱柜台面的市场价格

| 名称 | 特点 | 价格 |
|---|---|---|
| 人造石台面 | 易打理，非常耐用，有个别称是"懒人台面"，非常适合年轻人使用，是市场中最常用的台面<br>表面光滑细腻，有类似天然石材的质感<br>非常耐磨、抗渗透、耐酸、耐高温<br>抗冲、抗压、抗折<br>表面无孔隙、抗污力强，可任意长度无缝粘接<br>使用年限长，表面磨损后可抛光 | ≥ 270 元 /m² |
| 石英石台面 | 保留了石英结晶的底蕴，又具有天然石材的质感和美丽的表面光泽<br>经久耐用，但是无法做无缝拼接<br>台面的硬度很高，耐磨、不怕刮划<br>耐热好，不易断裂<br>抗菌、抗污染性强，不易渗透污渍，可以在上面直接斩切 | ≥ 350 元 /m² |
| 不锈钢台面 | 做法通常是在高密度防火板表面加一层薄不锈钢板，下垫以细木工板或夹板，联结成一体<br>易于清洁，坚固，实用性较强<br>抗菌再生能力最强，环保、无辐射<br>不渗透，吸水率为零，因此台面上的油滴或其他污渍只需要轻轻擦拭就能去掉<br>能够做到无缝拼接，可与不锈钢水槽焊接为一体<br>但台面各转角部位和结合缺乏合理、有效的处理手段<br>不太适合管道多的厨房 | ≥ 200 元 /m² |
| 美耐板台面 | 不易沾尘、防霉抗菌、清洗容易<br>具有耐高温、耐高压、耐刮、防焰等特性<br>只需使用湿布或者温和性质的清洁剂即可清洁<br>不能使用钢刷、砂纸等清理表面，会刮伤板材<br>不能使用酸性清洁剂，酸性清洁剂会让美耐板造成无法修复的损坏 | ≥ 200 元 /m² |

## 3. 掌握橱柜的鉴别方式，提升材料价值

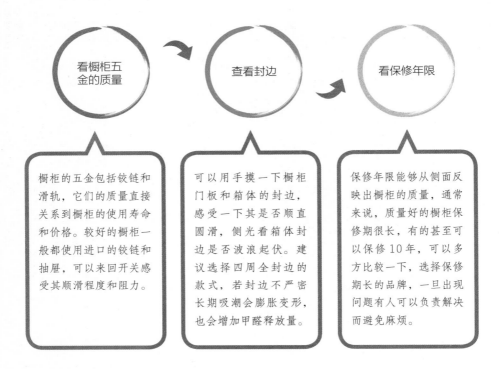

看橱柜五金的质量

查看封边

看保修年限

橱柜的五金包括铰链和滑轨，它们的质量直接关系到橱柜的使用寿命和价格。较好的橱柜一般都使用进口的铰链和抽屉，可以来回开关感受其顺滑程度和阻力。

可以用手摸一下橱柜门板和箱体的封边，感受一下其是否顺直圆滑，侧光看箱体封边是否波浪起伏。建议选择四周全封边的款式，若封边不严密长期吸潮会膨胀变形，也会增加甲醛释放量。

保修年限能够从侧面反映出橱柜的质量，通常来说，质量好的橱柜保修期很长，有的甚至可以保修10年，可以多方比较一下，选择保修期长的品牌，一旦出现问题有人可以负责解决而避免麻烦。

## 4. 了解施工方式，避免因疏漏导致返工

### 孔位是施工关键

○整体橱柜是由厂家来负责安装的，如果对自己选购的品牌存有疑虑，建议在材料到位后，自行检查一下，注意查看孔位，其配合和精度会影响橱柜箱体的结构牢固性。专业大厂的孔位都是一个定位基准，尺寸的精度有保证。手工小厂则使用排钻，甚至是手枪钻打孔，这样组合出的箱体尺寸误差较大，不是很规则的方体，容易变形。

### 安装橱柜前应做一些准备

○橱柜安装前厨房瓷砖应已勾缝完成，并应将厨房橱柜放置区域的地面和墙面清理干净；提前将厨房的面板装上，并将墙面水电路改造暗管位置标出来，以免安装时打中管线。另外，厨房顶灯位置一定要注意避让橱柜的柜门；台面下增加垫板很有必要，能提高台面的支撑强度。

# 洁具

　　洁具不仅是生活的必需品,还是美化卫浴间环境的最自然装饰。洁具的选择不能盲目,首先应确定卫浴间的尺寸,对各种洁具的分布和大概尺寸做到心中有数,而后再去挑选适合卫浴间风格的款式,如果家中的入水口或下水道有特殊的设计,例如墙排水,就需要特别注意这方面的尺寸,做好这些准备可以避免因安装不上需要更换从而产生更多费用,避免浪费资金。

## 1. 不同种洁具的市场价格

| 名称 | 种类 | 特点 | 价格 |
|---|---|---|---|
| 洁面盆 | 台上盆 | 面盆在台面上,安装方便,可在台面上放置物品<br>款式较多,很多艺术盆都是台上盆 | ≥ 200 元 / 个 |
| | 台下盆 | 台下盆易清洁,对安装要求较高,台面预留位置尺寸大小一定要与盆的大小相吻合,否则会影响美观 | ≥ 200 元 / 个 |
| | 立柱盆 | 立柱式洗面盆适合小卫生间使用<br>具有较好的承托力,不会出现盆身下坠的情况<br>造型优美,装饰效果佳,易清洗,通风性好 | ≥ 260 元 / 个 |
| | 壁挂盆 | 壁挂盆也是一种非常节省空间的洗脸盆类型<br>入墙式排水系统一般可考虑选择挂盆 | ≥ 170 元 / 个 |
| 坐便器 | 直冲式 | 存水面积较小,冲污效率高<br>冲水声大,由于存水面较小,易出现结垢现象<br>防臭功能也不如虹吸式坐便器,款式比较少 | ≥ 600 元 / 个 |
| | 虹吸式 | 冲水噪声小,容易冲掉黏附在坐便器表面的污物,种类多<br>防臭效果优于直冲式坐便器,但比直冲式的费水<br>排水管直径细,易堵塞 | ≥ 800 元 / 个 |

续表

| 名称 | 种类 | 特点 | 价格 |
|------|------|------|------|
| 浴缸 | 亚克力浴缸 | 造型丰富，重量轻，表面光洁度好<br>耐高温能力、耐压能力差，不耐磨、表面易老化 | ≥ 1500 元 / 个 |
| | 铸铁浴缸 | 铸铁浴缸采用铸铁制造，表面覆搪瓷<br>重量非常大，使用时不易产生噪音<br>经久耐用，注水噪声小，便于清洁 | ≥ 4000 元 / 个 |
| | 实木浴缸 | 保温性强，缸体较深，充分浸润身体<br>需保养维护，干燥后会变形漏水 | ≥ 2000 元 / 个 |
| | 钢板浴缸 | 具有耐磨、耐热、耐压等特点<br>保温效果低于铸铁缸<br>使用寿命长，整体性价比较高 | ≥ 3000 元 / 个 |
| | 按摩浴缸 | 对人体能产生按摩作用<br>具有健身治疗、缓解压力的作用 | ≥ 10000 元 / 个 |

## 2. 掌握洁具的鉴别方式，提升材料价值

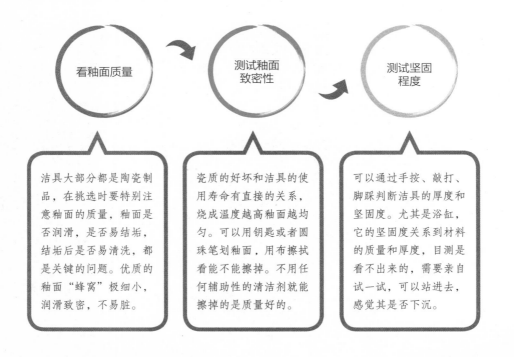

看釉面质量

测试釉面致密性

测试坚固程度

洁具大部分都是陶瓷制品，在挑选时要特别注意釉面的质量，釉面是否润滑，是否易结垢，结垢后是否易清洗，都是关键的问题。优质的釉面"蜂窝"极细小，润滑致密，不易脏。

瓷质的好坏和洁具的使用寿命有直接的关系，烧成温度越高釉面越均匀。可以用钥匙或者圆珠笔划釉面，用布擦拭看能不能擦掉。不用任何辅助性的清洁剂就能擦掉的是质量好的。

可以通过手按、敲打、脚踩判断洁具的厚度和坚固度。尤其是浴缸，它的坚固度关系到材料的质量和厚度，目测是看不出来的，需要亲自试一试，可以站进去，感觉其是否下沉。

# 第五章

## ▼
## 明确预算中的施工价格

　　施工的价格主要是人工费用，它是除了材料价格之外另一个影响整体预算的重要因素，了解不同工种的价位，能够做到心中有数，在与施工方砍价时会比较有底气，但不建议砍得过狠，很容易在其他方面吃亏。同时需要知道的是，在施工前做好设计和规划是非常重要的，可以避免反复的拆改，是节约资金的大前提。本章我们向大家介绍各施工过程中的流程、工序、价位等情况，以便合理规划施工预算。

1. 对家装装修工程中包含的工序和施工人员工种有一个基本的了解。

2. 了解不同施工步骤中的人工工费的基本价位。

3. 了解不同工序施工过程中容易出现的问题，避免因返工多花钱，而造成资金的浪费。

# 拆除工程

由于人们对居住环境的要求是存在一些差异的，而建筑商在规划建筑时则是从建筑结构上来考虑的，所以难免会有一些拆改工程的发生，然而拆除不能胡乱的、盲目地进行，需要详细的规划而后再动工，否则一旦拆除的位置不对，而拆除的资金已经支付出去，那就还需要支付修补的钱。

## 一、拆除原则——做好规划

做好拆除工程，首先应做好户型的设计与改造，避免发生后期的反复施工现象。在具体的拆除规划中，需要向物业公司了解哪些墙体是可以拆改的，哪些墙体是不可以拆改的，一旦拆除了禁止拆改的墙体，不仅在物业处存放的装修保证金无法拿回，造成经济上的损失，还容易破坏建筑结构。

## 二、拆除项目宜结合房屋新旧来定

新房和二手房需要拆除的项目是有一些区别的，新房拆改比较容易，主要是墙体部分，而二手房项目较多，做预算时应结合具体情况来分配资金。

 **新房拆除**

①不合理隔墙拆除

②原有墙面涂料拆除

 **二手房拆除**

①不合理隔墙拆除，吊顶拆除，门窗拆除

②原有水管、电线线路拆除

③原有地砖、墙砖拆除

# 三、拆除及土建项目费用一览

| 项目名称 | 单位 | 单价／元 | 备注 |
| --- | --- | --- | --- |
| 拆除 120mm 厚墙 | m² | 35 ~ 70 | 墙体厚度不同价格略有变化，混凝土结构另计 |
| 拆除墙砖、地砖 | m² | 12 ~ 26 | 仅包括砖，不包括墙体 |
| 拆除垃圾清运 | m² | 15 ~ 20 | 清运到指定地点，根据楼层高度费用会发生变化 |
| 拆除保温层 | m² | 15 ~ 22 | 主要为人工费 |
| 拆除门、窗 | 樘 | 30 ~ 50 | 包括门、窗和套 |
| 拆除旧的管线 | m | 2 | 主要为人工费 |
| 现浇 | m² | 450 ~ 600 | 包括水泥、黄沙、钢筋、人工、模板 |
| 砌筑墙体 | m² | 80 ~ 140 | 墙体厚度不同价格略有变化 |
| 墙体水泥黄沙粉刷 | m² | 18 ~ 25 | 32.5 等级"宜兴"水泥、黄砂，1:3 配比（单面） |

# 水、电改造

　　建筑商在水电建设方面只是简单的提供基本需求，如果需要的龙头、插头等数量比较多，就需要进行改造，所以水电改造基本是每个家庭装修时都会进行的项目。不建议在这方面节约资金，不管是材料还是工费，如果价格过低，都无法保证质量，现在的管线多为地下走管，一旦破裂就需要全部敲开修理，表面的瓷砖等装饰会全部被破坏，需要花更多的钱。

## 一、改造原则——做好定位

　　水、电路施工定位就是在施工前明确一切用水、用电设备的尺寸、安装高度及摆放位置，而后用粉笔在墙面、地面的相应位置画出标记，是非常重要的一步，直接影响后期工程的质量，如果想要少花钱，必须认真对待，可以减少管线走弯路而浪费材料，可以减少因拆改而产生的人工费用。

## 二、水路改造项目费用一览

| 费用类型 | 项目名称 | 单位 | 单价/元 | 备注 |
|---|---|---|---|---|
| 材料费 | PVC 排水管 | m | 3 ~ 6 | 仅包括砖，不包括墙体 |
| | PVC 排水管件 | 个 | 11 ~ 16 | 仅包括材料 |
| | PP-R 给水管 | m | 18 ~ 25 | |
| | PP-R 给水管管件 | 个 | 10 ~ 50 | |
| | 顶部水管悬吊件 | 项 | 100 ~ 200（塑料） | |

| 费用类型 | 项目名称 | 单位 | 单价 / 元 | 备注 |
|---|---|---|---|---|
| 工费 | 排水管开槽 | m | 23 | 仅为开槽费用 |
| | 挪动排水口位置 | 项 | 200 ~ 300 | 包括人工费和材料费 |
| | 进水管开槽 | m | 18 ~ 23 | 墙面、地面的冷热进水管开槽，按照单管、单槽计价 |

## 三、电路改造项目费用一览

| 费用类型 | 项目名称 | 单位 | 单价 / 元 | 备注 |
|---|---|---|---|---|
| 材料费 | 1.5mm² 电线 | m | 2 ~ 7 | 照明线路，铜芯线 |
| | 2.5mm² 电线 | m | 3 ~ 7 | 插座、开关线路，铜芯线 |
| | 4mm² 电线 | m | 5 ~ 10 | 柜机空调专用线，铜芯线 |
| | 6mm² 电线 | m | 6 ~ 10 | 中央空调专用线，铜芯线 |
| | 穿线管 | m | 4 ~ 10 | PVC 管 |
| | 空开 | 个 | 18 ~ 55 | 安装在电箱内 |
| | 强、弱电箱 | 个 | 110 ~ 400 | 材料费、人工费 |
| | 开关、插座 | 个 | 18 ~ 350 | 材料费、人工费 |
| 工费 | 砖墙、地面开槽 | m | 16 ~ 25 | 按照单管、单槽计价 |
| | 混凝土墙、地面开槽 | m | 38 ~ 50 | 按照单管、单槽计价 |

# 木工施工

家装中的木工工程主要包括吊顶、门及门窗套的制作和柜类家具的制作。此部分工程是花费资金较多的一项，需要大量的板材、工具和人工，如果家具和门全部需要制作，甚至会占到整体预算的70%。随着定制业务的不断完善，现在大多数的家庭都会选择定制门及门窗套和柜子类的家具，定制无须在现场进行施工，而是在工厂加工成型后到现场组装，大大减少了污染源，也免去了打扫卫生的资金，如果定制家具可以满足使用需求，还可以参与一些团购，能够节约不少资金。

## 一、省钱原则——减少不必要的装饰

木工工程使用板材较多，虽然不同等级的板材价位差距较大，但如果使用价格低、不合格的板材，会对室内环境造成严重污染，进而危害健康，是一件得不偿失的事情。那么如何节约资金呢，建议在进行设计时从实用角度出发，少做装饰性的设计，减少造型可以减少材料的用量、减少工费，也就达到了节约资金的目的。

## 二、水路改造项目费用一览

| 费用类型 | 项目名称 | 单位 | 单价 / 元 | 备注 |
|---|---|---|---|---|
| 基层板材料费 | 密度板 | 张 | 35 ~ 75 | 柜体基层板，面层需要叠加饰面板 |
| | 细木工板 | 张 | 100 ~ 165 | 柜体基层板，面层需要叠加饰面板 |
| | 实木指接板 | 张 | 170 ~ 428 | 既可作基层板，又可直接做面板 |

| 费用类型 | 项目名称 | 单位 | 单价 / 元 | 备注 |
|---|---|---|---|---|
| 人工费 | 直线吊顶 | m | 40 | 制作、安装 |
| | 简单跌级吊顶 | m² | 60 | |
| | 复杂跌级吊顶 | m² | 80 | |
| | 假梁造型 | m | 50 | |
| | 石膏线 | m | 8 | 安装费用 |
| | 鞋柜制作 | 个 | 110 ~ 150 | 宽度在 1.2m 以内，非复杂造型 |
| | 玄关柜制作 | 个 | 600 ~ 850 | 按照投影展开面积计算数量 |
| | 衣柜制作 | 个 | 800 ~ 1000 | 不超过 3 开门 |
| | 吊柜、壁柜 | 项 | 200 ~ 260 | 安装费用 |
| | 吊架、壁架 | 项 | 180 ~ 200 | 安装费用 |
| | 门、窗套 | 延米 | 50 ~ 120 | 制作、安装 |
| | 门 | 樘 | 260 ~ 350 | 制作、安装 |
| | 墙面直线造型 | m² | 60 ~ 80 | 制作、安装 |
| | 墙面复杂造型 | m² | 80 ~ 120 | 制作、安装 |

# 油漆施工

　　家装中的油漆施工包括顶面、墙面基层腻子的涂抹、面层涂料的涂刷以及壁纸壁布的粘贴，如果有木工制作的门和柜体等，还需要对这些木工工程进行面层的美化，涂抹腻子后，喷涂混油漆或清漆进行装饰。油漆工程属于后期工程，完工后整个工程基本就竣工了。如果在木工工程环节上没有设计吊顶、制作木工门柜等工程，油漆工程就只有涂刷涂料这一项，顺着操作下来可以节约很多资金。

## 一、施工原则——严格监督

　　如果工费或者工程费卡得太紧，工人在施工时往往要从材料上下手来找回资金，尤其是在涂刷乳胶漆的时候，都需要兑水，无论对方是否购买材料，兑水多了以后一桶乳胶漆可以多刷很多面积，剩下的材料就可以被对方"节约"下来，所以严格监工是必要的。如果乳胶漆兑水量过大，会使漆膜的耐擦洗次数及防霉、防碱性下降，可能会出现掉粉、用湿布稍微擦洗后露出底材、应该有光泽的高档漆没有光泽且表面粗糙等情况。

## 二、油漆施工项目费用一览

| 费用类型 | 项目名称 | 单位 | 单价 / 元 | 备注 |
|---------|---------|------|----------|------|
| 人工费 | 腻子找平 | m² | 6 ~ 8 | 腻子两遍或三遍 |
| | 乳胶漆滚涂 | m² | 8 ~ 15 | 包括底漆和面漆，通常是一底两面 |
| | 乳胶漆喷涂 | m² | 15 ~ 20 | 包括底漆和面漆，通常是一底两面 |
| | 调和漆涂刷 | m² | 35 ~ 45 | 需要涂刷至少 4 遍 |

| 费用类型 | 项目名称 | 单位 | 单价 / 元 | 备注 |
|---|---|---|---|---|
| 人工费 | 涂料涂刷 | m² | 10 ~ 25 | 根据涂料品种不同，施工复杂程度不同，工费变动较大 |
| | 粘贴壁纸 | m² | 3 ~ 5 | 也可以按卷计算，通常是 15 ~ 20/ 卷 |
| | 木器漆涂刷 | m² | 15 ~ 35 | 涂抹腻子修补，油漆至少涂刷两遍 |
| | 木器漆喷涂 | m² | 25 ~ 45 | 喷涂比较麻烦，污染重，所以人工费高一些 |
| 辅料费 | 腻子 | 袋 | 5 ~ 40 | 分为耐水腻子和环保腻子，价格差不是很大 |
| | 腻子胶 | 桶 | 46 ~ 150 | 质量好的腻子粉无须用胶，黏结力差的需要兑一些胶。需注意的是 107 胶污染非常严重，若是由施工方配料则需严格检查 |

### 油漆施工基层的处理是非常重要的

无论是墙面涂料还是家具木器漆，想要涂装的效果好，基层的处理是很重要的，在没有上漆之前，应重点验收基层。墙面和顶面可用水平尺、灯泡等工具来检验是否足够平整；木器漆的涂刷面需要经过多次砂纸打磨，应做到没有毛刺、没有明显色差、钉眼补齐、触感光滑、没有明显阻碍和颗粒状物质。

# 瓦工施工

　　家装中瓦工的工程项目比较少，但面积比较大，主要包括了厨卫空间的防水施工、室内界面的找平处理，室内全部的墙砖、地砖的铺贴，这部分的工费是比较透明的，如果想要节约资金，建议买少块的砖，少做花式铺贴。

## 一、瓦工施工项目费用一览

| 费用类型 | 项目名称 | 单位 | 单价 / 元 | 备注 |
|---|---|---|---|---|
| 人工费 | 水泥找平 | m² | 10 ~ 15 | 水泥砂浆找平 |
| | 防水层涂刷 | m² | 8 ~ 15 | 应先涂刷管道、墙边等边角地带，而后大面积的涂刷至少两次 |
| | 铺墙、地砖 | m² | 50 ~ 65 | 先用红外线水平仪找平，再铺设 |
| | 铺贴马赛克 | m² | 95 ~ 120 | |
| | 铺大理石 | m² | 65 ~ 75 | |
| 辅料费 | 防水涂料 | m² | 20 ~ 140 | 分为刚性和柔性两种，刚性价格较高 |
| | 水泥 | 袋 | 19 ~ 40 | 购买水泥需要注意标号是否符合需求、是否有合格证、有没有超出质保期等 |
| | 黄砂 | m³ | 90 ~ 110 | 分为细沙、中砂和粗砂，建议选择中砂 |

# 第六章

## 根据预算合理选择软装

　　刚开始流行室内装饰的时候，人们总是习惯于将顶面、墙面布满造型来表现居所已经装修过。如今，出于环保、舒适性的考虑和人们欣赏水平的不断提升，"重装饰轻装修"的设计理念已被越来越多的人所喜爱，北欧风格就是这种做法的典型代表，即使墙面没有造型，搭配一些具有设计感的家具，也会让人感觉具有家的温馨感。在资金不充足的情况下，将软装作为资金分配的重点是省钱的诀窍。本章我们将来了解装修软装部分的不同材质、功能、造型等产品在价格上的差异，以便合理规划和选择符合自己预算计划的软装饰品。

1. 了解同一功能家具中不同款式的预算差别。

2. 了解同一功能灯具中不同款式的预算差别。

3. 了解不同种类、不同材质织物的预算差别。

4. 了解不同种类装饰画的预算差别。

# 家具

　　家具是软装中的主要部分，在有些空间内甚至是完全依靠家具来展现居室风格特征的。家具的价格差主要是由品牌价值、设计价值、使用材料以及造型的复杂程度决定的，了解功能性相同的家具中不同款式的价格差距，有利于更好地结合自身的经济情况，来选择合适的家具。

## 一、不同材质沙发的预算

　　沙发的制作材料总体来说可以分为实木、布艺、皮革和金属沙发等，材料的不同决定了价格的差距。

| 名称 | 种类 | 特点 | 预算估价 |
|------|------|------|----------|
| 实木沙发 | 全实木 | 使用的木材都比较珍贵，具有收藏价值和升值空间，效果典雅高贵，多带有精美的雕花装饰 | ≥ 8000 元 / 张 |
| | 板木结合 | 框架使用实木，其他部位采用高密度板等板材，价格较低，目前市场上"实木"沙发是主流 | ≥ 3000 元 / 张 |

| 名称 | 种类 | 特点 | 预算估价 |
|------|------|------|----------|
| 布艺沙发 | 棉麻布艺 | 面层材料为天然的棉麻材料，主要有纯色、印刷图案和色织图案三种类型，具有浓郁的自然感 | ≥ 500 元 / 张 |
| | 植绒布艺 | 采用植绒布包裹面层的沙发类型，具有比较华丽的装饰效果 | ≥ 1600 元 / 张 |
| | 丝绒布艺 | 丝绒表面类似天鹅绒，具有温暖、舒适的触感，面料的饱和度较高 | ≥ 1200 元 / 张 |
| | 丝光布艺 | 丝光布料的表面有类似丝绸般的光泽度，手感极其顺滑，具有非常高级的装饰效果，通常会与植绒布艺组合使用 | ≥ 3500 元 / 张 |
| 皮革沙发 | 亮面皮 | 皮革的表面比较光亮，是大多数皮沙发会采用的质感，有天然皮和 PU 皮两种，后者价格低 | ≥ 500 元 / 张 |
| | 麂皮 | 具有"翻毛皮"质感的皮料，大多数情况下内部会使用羽绒材料进行填充，非常温暖、舒适 | ≥ 800 元 / 张 |
| 金属沙发 | | 框架部分以金属材料为主的沙发类型，坐垫和靠背会搭配其他材料，现代感较强 | ≥ 300 元 / 张 |

## 二、不同材质餐桌的预算

常用的餐桌从材料上可以分为实木、大理石、金属玻璃和板式餐桌四种类型。

| 名称 | 种类 | 特点 | 预算估价 |
|------|------|------|----------|
| 实木餐桌 | 雕花实木 | 整体比较厚重，色彩多为深色，会搭配一些雕花或鎏金设计，适合欧典一些的家居风格 | ≥ 3200 元 / 张 |
| | 简约实木 | 造型比较简约的实木餐桌，通常是浅色木质的，没有多余的装饰，适合简约的居室 | ≥ 1000 元 / 张 |

续表

| 名称 | 种类 | 特点 | 预算估价 |
|---|---|---|---|
| 大理石餐桌 | 天然大理石 | 高雅美观，价格较高，具有天然的细孔，很容易被污染，且不易清洁 | |
| | 人造大理石 | 装饰效果不如天然大理石，但密度高，没有毛细孔，油污不容易渗入，容易清洁 | |
| 金属玻璃餐桌 | | 腿部或框架为金属材料，面层使用钢化玻璃材质的餐桌，具有很强的通透感和现代感 | ≥ 500 元 / 张 |
| 板式餐桌 | | 以人造板为基层造型，面层用饰面板装饰的餐桌，多为直线条款式，简洁、现代 | ≥ 260 元 / 张 |

# 三、不同类型床的预算

总的来说常用的床可以分为沙发床、子母床、平板床、软包床和四柱床五种类型。

| 名称 | 特点 | 预算估价 |
|---|---|---|
| 沙发床 | 多功能家具，沙发和床的组合。很适合小户型，平时折叠起来就是一张沙发，全部打开后就可以当作床使用 | 1600 ~ 3200 元 / 张 |
| 子母床 | 分为上下两层，两层一样宽或上窄下宽，适合用在儿童房中，通常是采用实木材料制作的 | 2500 ~ 3600 元 / 张 |
| 平板床 | 由基本的床头板、床尾板和骨架组成，样式简单，但适合的风格非常广泛<br>若觉得空间较小，或不希望受到限制，也可舍弃床尾板 | 1800 ~ 3200 元 / 张 |
| 软包床 | 床头或床尾板的部位用皮革、布料等搭配拉扣造型塑造出的软包造型，通常会搭配一些造型，适合宽敞的卧室 | 3800 ~ 7200 元 / 张 |

| 名称 | 特点 | 预算估价 |
|------|------|----------|
| 四柱床 | 四柱床是很有代表性的一种床的形式，在床的四个角设计有四根立柱，基本上每一种家居风格都有对应的四柱床款式，但最经典的还是中式、欧式和东南亚风格的 | 4500 ~ 12000 元 / 张 |

# 四、不同类型柜、架的预算

总的来说常用的柜架可以分为全实木、玻璃、板式、镜面和金属等五种类型。

| 名称 | 特点 | 预算估价 |
|------|------|----------|
| 全实木柜、架 | 分为全实木和拼接实木两个种类<br>全实木可以设计成雕花的造型，表面辅以鎏金、描金、彩绘等工艺，有高贵的设计效果<br>拼接实木则具有较高的性价比，并且形体的设计样式比较多 | 600 ~ 12000 元 / 个 |
| 玻璃柜、架 | 玻璃部分为了安全，多采用钢化玻璃<br>坚固耐用、耐高温，方便清洁、打理<br>玻璃多用在柜、架的门板或隔板部位<br>具有良好的通透性，尤其适合面积较小的空间 | 450 ~ 5200 元 / 个 |
| 板式柜、架 | 采用合成板材为基层，面层搭配饰面板制作的柜、架<br>色彩和纹理比实木类型更丰富，但没有办法做过于复杂的造型<br>多为直线条款式，样式比较简洁 | 3 ~ 2200 元 / 张 |
| 镜面柜、架 | 镜面材质主要设计在柜体的门板上<br>常用的有银镜及咖镜<br>通过镜面的反射效果，增加柜体的设计感 | 1200 ~ 3600 元 / 个 |
| 金属柜、架 | 适合做柜体的外框架，比如柜腿、书架的结构等<br>坚固耐用，不易变形，通透性好<br>带有色彩的金属材质还具有丰富的装饰效果 | 400 ~ 2600 元 / 个 |

# 灯具

　　灯具是家居中夜晚的主要光源，不同类型的灯具不仅能够进行照明，同时还具有装饰作用。常用的光源可分为主光源和局部光源，如吊灯和吸顶灯就是作为主光源使用的，射灯、筒灯等光源则是作为局部光源，主要负责补充光线并起到装饰作用，通常来说，家居中需要将两类光源结合使用，而不同材质和类型的光源，价格也是不同的。

## 一、不同材质吊灯的预算

　　吊灯的制作材料有金属、树脂、实木、布艺罩、羊皮、纸、水晶、玻璃等，比较珍稀的原料制作出来的吊灯价格就比较高，例如羊皮和天然水晶等。

| 名称 | 特征 | 市场价 |
|------|------|--------|
| 金属吊灯 | 金属的主要使用位置为灯架的部分，常用的有铁艺、铜和不锈钢，前两种比较复古，后一种比较现代、时尚 | 150 ~ 6500 元 / 盏 |
| 树脂吊灯 | 欧式灯具中使用的比较多，树脂重量轻，易于塑形，可仿制各种材料的质感，装饰效果出色 | 450 ~ 2200 元 / 盏 |
| 实木吊灯 | 有两种类型，一种是中式吊灯，所用实木多为深色，搭配雕花造型，古朴而典雅；另一种是北欧吊灯，浅色为主，搭配金属或玻璃罩 | 120 ~ 650 元 / 盏 |
| 布艺罩吊灯 | 具有柔和的灯光，有简洁的设计外形，罩面的布艺颜色经常选择暖色系的色调，如米色、黄色等 | 150 ~ 3500 元 / 盏 |
| 羊皮吊灯 | 羊皮吊灯灯光柔和，具有温馨、宁静的氛围，多搭配实木架，羊皮上会做一些彩绘图案 | 65 ~ 1100 元 / 盏 |

| 名称 | 特征 | 市场价 |
|------|------|--------|
| 纸吊灯 | 罩面为纸的吊灯，纸可以折叠出各种造型，因此此类吊灯非常具有个性，色彩较少 | 200 ~ 1800 元 / 盏 |
| 水晶吊灯 | 具有代表性的是西式灯具，水晶分为天然和人造两大类，天然的效果好但价格高，现使用的多为人造材质 | 2600 ~ 4200 元 / 盏 |
| 玻璃吊灯 | 吊灯罩面的部分使用玻璃，是非常常见的灯罩材料，有透明、白色光面、白色磨砂等多种款式 | 100 ~ 1500 元 / 盏 |

## 二、不同造型吸顶灯的预算

吸顶灯的造型有方罩、圆球、尖扁圆、半圆球等几种，造型越复杂，价格也会越高。

| 名称 | 特征 | 市场价 |
|------|------|--------|
| 方罩吸顶灯 | 方罩吸顶灯即形状为长方形或正方形的罩面吸顶灯。造型比较简洁，适合设计在现代风格、简约风格的客厅或卧室中 | 450 ~ 900 元 / 盏 |
| 圆球吸顶灯 | 形状为一个整体的圆球状，直接与底盘固定的吸顶灯。造型具有多种样式，装饰效果较佳，适合安装在层高较低的客厅空间中 | 1100 ~ 2200 元 / 盏 |
| 尖扁圆吸顶灯 | 尖扁圆形状的吸顶灯，适合安装在层高较低的空间。造型带有优美的流动弧线，适合安装在层高较低的卧室空间 | 850 ~ 1600 元 / 盏 |
| 半圆球吸顶灯 | 形状是圆球吸顶灯的一半，灯光分布更加均匀，十分适合需要柔和光线的家居空间 | 950 ~ 1800 元 / 盏 |

## 三、不同点光源灯具的预算

灯具按点光源的不同，可以分为下照射灯、路轨射灯、嵌入式筒灯、明装筒灯、台灯、落地灯、壁灯等几种类型，装饰效果要求越高，其价格也会越高。

| 名称 | 特征 | 市场价 |
|---|---|---|
| 下照射灯 | 光源自上而下做局部照射和自由散射，光源被合拢在灯罩内。可装于顶棚、床头上方、橱柜内，还可以吊挂、落地、悬空，此种灯具灯泡瓦数不宜过大，光线过强容易让人感觉刺眼 | 25 ~ 50 元 / 盏 |
| 路轨射灯 | 主材为金属喷涂或陶瓷材料，色彩可选择性较多。可用于客厅、过道、卧室或书房中，通常是多盏一起使用的。路轨适合装于顶棚下 15 ~ 30cm 处，也可装于顶棚一角靠墙处 | 45 ~ 75 元 / 盏 |
| 嵌入式筒灯 | 需要与吊顶配合使用，嵌入到吊顶内，灯光向下投射，形成聚光效果。如果想营造温馨的氛围，可以用多盏筒灯来取代主灯 | 20 ~ 32 元 / 盏 |
| 明装筒灯 | 外表看起来是一个较短的圆柱形，这种筒灯不必受吊顶的限制，即使不设计吊顶造型，也可以安装 | 29 ~ 65 元 / 盏 |
| 台灯 | 台灯主要设计在客厅、卧室以及书房等空间，常搭配角几等家具共同出现。台灯不仅具有照明作用，还具有很强的装饰性 | 45 ~ 75 元 / 盏 |
| 落地灯 | 落地灯在空间内的使用并不频繁，但却有着独特的特点，它可以代替书房内的主灯、客厅内的台灯、卧室内的壁灯等诸多灯具，且可以随意移动 | 150 ~ 1500 元 / 盏 |
| 壁灯 | 壁灯较多的会安装在客厅和卧室中，有时餐厅、卫浴间和过道也会安装，设计壁灯的空间，墙面宜做相应的设计造型，来使壁灯融入其中，能起到很好的烘托效果 | 85 ~ 650 元 / 盏 |

# 布艺织物

　　家居中主要的布艺织物是窗帘和地毯，面积都比较大，属于背景色，对整体效果具有很强的影响力，而它们的材质则关系到使用起来是否舒适以及是否容易清洁。所以在选择布艺织物的时候，不建议以降低档次的方式来节约资金，更建议在同档次的产品中选择与家居整体风格搭配协调且实用的类型，再选择比较简洁的造型，以提升有限资金的价值。

## 一、不同形式窗帘的预算

　　家居中常用的窗帘款式包括有平开帘、卷帘、百叶帘和线帘，由于制作的方式不同，决定了造型的区别，综合起来构成了价位差距。

| 名称 | 特征 | 市场价 |
|---|---|---|
| 平开帘 | 将窗帘平行地朝两边或中间拉开、闭拢，以达到窗帘使用的基本目的，就是平拉帘，是比较常用的一种窗帘 最常见的有一窗一帘、一窗二帘或一窗多帘 | 50 ~ 90 元/m |
| 卷帘 | 利用滚轴带动圆轨卷动帘子上下拉开、闭拢，以达到窗帘使用的基本目的，就是卷帘，制作材料的选择性较多 最具代表性的卷帘就是罗马帘，装饰效果极佳 | 80 ~ 150 元/m |
| 百叶帘 | 百叶帘由很多宽度、长度统一的叶片组成，将它们用绳子穿在一起，通过操作使帘片上下开收来调光，是成品帘里最常见的，样式简洁、大气，易清理 | 35 ~ 150 元/m |
| 线帘 | 线帘的特点是带有千丝万缕的数量感和若隐若现的朦胧感，能够为整个居室营造出一种浪漫的氛围，使用灵活、限制小，还可作为软隔断使用 | 25 ~ 70 元/m |

## 二、不同材质地毯的预算

适合家居中使用的地毯主要有羊毛地毯、化纤地毯、混纺地毯、编织地毯、皮毛地毯和纯棉地毯，天然材料的价格较高一些。

| 名称 | 特征 | 市场价 |
|---|---|---|
| 羊毛地毯 | 毛质细密，具有天然的弹性，受压后能很快恢复原状。采用天然纤维，不带静电，不易吸尘土，具有天然的阻燃性。图案精美，不易老化褪色，吸音、保暖、脚感舒适 | 700 ~ 9500 元 / 块 |
| 化纤地毯 | 也叫合成纤维地毯，又可分为丙纶化纤地毯、尼龙地毯等。是用簇绒法或机织法将合成纤维制成面层，再与麻布底层缝合而成。饰面效果多样，如雪尼尔地毯、PVC 地毯等，耐磨性好，富有弹性 | 150 ~ 1200 元 / 块 |
| 混纺地毯 | 由毛纤维和合成纤维混纺制成的，使用性能有所提高。色泽艳丽，便于清洗，克服了羊毛地毯不耐虫蛀的缺点，具有更高的耐磨性，吸音、保湿、弹性好、脚感好，性价比较高 | 200 ~ 1500 元 / 块 |
| 编织地毯 | 由麻、草、玉米皮等材料加工漂白后编织而成的地毯。拥有天然粗犷的质感和色彩，自然气息浓郁，非常适合搭配布艺或竹藤家具，但不好打理，且非常易脏 | 200 ~ 1100 元 / 块 |
| 皮毛地毯 | 由整块毛皮制成的地毯，最常见的是牛皮地毯，分天然和印染两类。脚感柔软舒适、保暖性佳，装饰效果突出，具有奢华感，能够增添浪漫色彩，但不好打理 | 400 ~ 3800 元 / 块 |
| 纯棉地毯 | 由纯棉材料制成的地毯，吸水性佳，材质可塑性佳，可做不同立体设计变化，清洁十分方便，可搭配止滑垫使用 | 100 ~ 800 元 / 块 |

# 三、不同材质床品套件的预算

家居中常用的床品套件主要有纯棉、亚麻、磨毛、真丝、竹纤维、法莱绒等材料。

| 名称 | 特征 | 市场价 |
|---|---|---|
| 纯棉床品 | 具有较好的吸湿性，柔软而不僵硬，透气性好，与肌肤接触无任何刺激，久用对人体有益无害。方便清洗和打理，价格适中，支数越高越舒适 | 150～1100元/套 |
| 亚麻床品 | 麻类纤维具有天然优良特性，是其他纤维无可比拟的。具有调温、抗过敏、防静电、抗菌的功能，吸湿性好，能吸收相当于自身重量20倍的水分，所以亚麻床品手感干爽。纤维强度高，不易撕裂或戳破，有良好的着色性能，具有生动的凹凸纹理 | 350～2100元/套 |
| 磨毛床品 | 又称为磨毛印花面料，属于高档精梳棉，蓬松厚实，保暖性能好。表面绒毛短而密，绒面平整，手感丰满柔软，光泽柔和无极光，保暖但不发热，悬垂感强、易于护理，颜色鲜亮，不褪色、不起球 | 350～1600元/套 |
| 真丝床品 | 真丝的吸湿性、透气性好、静电性小，有利于防止湿疹、皮肤瘙痒等皮肤病的产生。手感非常柔软、顺滑，带有自然光泽，适合干洗，水洗容易缩水。非常耐磨，不容易起球、不会掉色 | 1200～8500元/套 |
| 竹纤维床品 | 竹纤维面料是当今纺织品中科技成分最高的面料，以天然毛竹为原料，经过蒸煮水解提炼而成。亲肤感觉好，柔软光滑、舒适透气，可产生负离子及远红外线，能促进血液循环和新陈代谢 | 350～1500元/套 |
| 法莱绒床品 | 是经过缩绒、拉毛等系列工序制作而成，不露织纹，表面覆满绒毛，面料厚实，毛绒的密度高且扎实，不易掉毛，手感柔软平整、光滑、舒适，具有非常好的保暖性 | 150～800元/套 |

# 装饰画

　　装饰画是花费最少资金就可以装饰出一面背景墙的神奇软装，即使墙面是什么造型都没有的大白墙，只要搭配几幅装饰画，空间立刻也会变得具有艺术感。装饰画无须价格太高，只要与室内的风格、家具等搭配起来协调、舒适即可。

## 不同形式装饰画的预算

| 名称 | 特征 | 市场价 |
|---|---|---|
| 水墨画 | 以水和墨为原料作画的绘画方法是中国传统式绘画，也称国画。画风淡雅而古朴，讲求意境的塑造，分为黑白和彩色两种。近处写实，远处抽象，色彩微妙，意境丰富。适合中式风格家居中使用 | ≥ 300 元 / 幅 |
| 书法画 | 由人书写的书法作品，经过装裱后悬挂在墙面上，也可以起到装饰画的装饰作用，此类作品都是黑白色的，根据书法派别的不同，具有不同的韵味，但总体来说都具有极高的艺术感和文化氛围，很适合用在中式客厅和书房中 | ≥ 150 元 / 幅 |
| 水彩画 | 水彩画从派别上来说与油画一样，同属于西式绘画方法，用水彩方式绘制的装饰画，具有淡雅、透彻、清新的感觉，它的画面质感与水墨画类似，但更厚一些，色彩也更丰富一些，没有特定的风格走向，根据画面和色彩选用即可 | 50 ~ 350 元 / 幅 |
| 油画 | 油画起源于欧洲，但现在并不仅限于西洋风格的画作，还有很多抽象和现代风格，适合各种风格的家居空间。它是装饰画中最具有贵族气息的一种，它属于纯手工制作，同时可根据个人需要临摹或创作，风格比较独特，现在市场上比较受欢迎的油画题材一般为风景、人物和静物 | ≥ 300 元 / 幅 |

| 名称 | 特征 | 市场价 |
|------|------|--------|
| 摄影画 | 是近现代出现的一种装饰画,画面包括"具象"和"抽象"两种类型,具象通常包括风格、人物和建筑等,色彩有黑白和彩色两个类型,具有极强的观赏性和现代感,此类装饰画适合搭配造型和色彩比较简洁的画框 | ≥ 100 元 / 幅 |
| 木质画 | 原料为各种木材,经过一定的程序雕刻或胶粘而成,根据工艺的不同,总体说可以分为三类,有碎木片拼贴而成的写意山水画,层次和色彩感强烈;有木头雕刻作品,如人物、动物、脸谱等,立体感强,具有收藏价值;还有在木头上烙出的画作,称为烙画,是很有中式特色的一种画作 | 200 ~ 8800 元 / 幅 |
| 镶嵌画 | 是指用各种材料通过拼贴、镶嵌、彩绘等工艺制作成的装饰画,常用的材料包括立体纸、贝壳、石子、铁、陶片、珐琅等,具有非常强的立体感,装饰效果个性,不同风格的家居可以搭配不同工艺的镶嵌画 | 300 ~ 2000 元 / 幅 |
| 金箔画 | 原料为金箔、银箔或铜箔,制作工序较复杂,底板为不变形、不开裂的整板,经过塑形、雕刻、漆艺加工而成的,具有陈列、珍藏、展示的作用,装饰效果奢华但不庸俗,非常高贵,适合现代、中式和东南亚风格家居 | 200 ~ 2600 元 / 幅 |
| 玻璃画 | 是在玻璃上用油彩、水粉、国画颜料等绘制而成的,利用玻璃的透明性,在着彩的另一面观赏,用镜框镶嵌具有浓郁的装饰性,题材多为风景、花鸟和吉祥如意图案和人物,色彩鲜明强烈 | 180 ~ 600 元 / 幅 |
| 铜版画 | 使用的基材是铜版,在上面用腐蚀液腐蚀或直接用针或刀刻制出画面,属于凹版,也称"蚀刻版画",制作工艺非常复杂,所以每一件成品都非常独特,具有艺术价值 | 800 ~ 4200 元 / 幅 |
| 丙烯画 | 用丙烯颜料制成的画作,色彩鲜艳、鲜明,坚固耐磨,耐水,耐腐蚀,抗自然老化,不褪色,不变质脱落,画面不反光,是所有绘画中颜色最饱满、浓重的一种 | 200 ~ 1200 元 / 幅 |

# 工艺品

通常来说，中小户型的家居中多使用的是小件的工艺品，它们是活跃空间氛围的好手，有摆件、有挂件，造型千变万化，选择时宜注重的是与整体风格的协调性，价格可高可低。

## 不同材质工艺品的预算

| 名称 | 特征 | 市场价 |
|---|---|---|
| 树脂工艺品 | 以树脂为主要原料制成的工艺品，无论是人物还是山水都可以做成，还能制成各种仿真效果，包括仿金属、仿水晶、仿玛瑙等，比陶瓷等材料抗摔，且重量轻 | 50 ~ 1500 元 / 个 |
| 金属工艺品 | 以各种金属为材料制成的工艺品，包括不锈钢、铁艺、铜、金银和锡等，款式较多，有人物、动物、抽象形体、建筑等，做旧处理的金属具有浓郁的朴实感，光亮的金属则非常时尚，工艺品使用寿命较长，对环境条件的要求较少 | 20 ~ 800 元 / 个 |
| 木质工艺品 | 有两大类，一种是实木雕刻的木雕，包括各种人物、动物甚至是中国文房用具等；还有一种是用木片拼接而成的，立体结构感更强。优质的木雕工艺品具有收藏价值，但对环境的湿度要求较高，不适合过于干燥的地方 | 60 ~ 3200 元 / 个 |
| 水晶工艺品 | 单独以水晶制作或用水晶与金属等结合制作的工艺品，水晶部分具有晶莹通透、高贵雅致的观赏感，不同的水晶还具有不同的作用，具有较高的欣赏价值和收藏价值，具有代表性的是各种水晶球、动物摆件及植物形的摆件等 | 30 ~ 3000 元 / 个 |
| 陶瓷工艺品 | 可以分为两类：一类是瓷器，款式较多样，主要以人物、动物或瓶子为主，除了正常的瓷器质感，还有一些仿制大理石纹的款式，制作精美，即使是近现代的陶瓷工艺品也具有极高的艺术价值；另一类是陶器，款式较少，效果比较质朴 | 20 ~ 4200 元 / 个 |